AI 绘画与摄影实战108招

ChatGPT + Midjourney + 文心一格

石 头 ◎编著

清華大學出版社
北 京

内容简介

本书通过 10 个专题内容、108 个实用技巧、120 多分钟教学视频，讲解了 AI 绘画与摄影的相关知识，随书附赠了 108 集同步教学视频、50 多个素材效果、260 多个书中案例关键词、5200 个绘画关键词等。具体内容按以下两条线展开。

一是技能线：详细讲解了 ChatGPT 关键词的挖掘方法、文心一格的绘画技巧、常见的 AI 构图与光线色调指令、Midjourney 常用的绘图指令，以及 AI 绘图的 4 种方法。

二是案例线：介绍了人物摄影、动物摄影、植物摄影、建筑摄影、慢门摄影、星空摄影、航拍摄影、全景摄影、风光摄影、人文摄影、产品摄影、时尚摄影等多种热门摄影的知识。

本书由浅入深，以实战为核心，既适合摄影师、绘画爱好者、设计师、插画师、漫画家、电商商家、艺术工作者等阅读，又可作为相关院校的教材。

本书封面贴有清华大学出版社防伪标签，无标签者不得销售。

版权所有，侵权必究。举报：010-62782989，beiqinquan@tup.tsinghua.edu.cn。

图书在版编目（CIP）数据

AI绘画与摄影实战108招 ：ChatGPT+Midjourney+文心一格 / 石头编著. — 北京 ：清华大学出版社，2024.3

ISBN 978-7-302-65894-8

Ⅰ. ①A… Ⅱ. ①石… Ⅲ. ①人工智能 Ⅳ. ①TP18

中国国家版本馆CIP数据核字（2024）第065180号

责任编辑：贾旭龙
封面设计：秦　丽
版式设计：文森时代
责任校对：马军令
责任印制：宋　林

出版发行：清华大学出版社
网　　址：https://www.tup.com.cn，https://www.wqxuetang.com
地　　址：北京清华大学学研大厦A座　　**邮　　编**：100084
社 总 机：010-83470000　　**邮　　购**：010-62786544
投稿与读者服务：010-62776969，c-service@tup.tsinghua.edu.cn
质 量 反 馈：010-62772015，zhiliang@tup.tsinghua.edu.cn
印 装 者：小森印刷（北京）有限公司
经　　销：全国新华书店
开　　本：185mm×260mm　　**印　　张**：13.5　　**字　　数**：260千字
版　　次：2024年5月第1版　　**印　　次**：2024年5月第1次印刷
定　　价：89.80元

产品编号：103495-01

前言

PREFACE

在数字化时代，AI 技术的发展对经济产生了巨大影响。它改变了生产、制造和服务行业，提高了生产效率，降低了成本，创造了新的商业模式。随着 ChatGPT、Midjourney 和文心一格等 AI 工具的出现和发展，AI 绘画技术逐渐开始创作出各种新颖、独特的艺术作品，为艺术家提供了新的创作工具和灵感，帮助艺术家突破传统的创作限制。然而，目前市场上关于 AI 绘图工具的资料和书籍还相对稀缺。

秉持着响应国家科技兴邦、实干兴邦的精神，我们致力于为读者提供一种全新的学习方式，使其能够更好地适应时代发展的需要。本书结合 ChatGPT 与 Midjourney、文心一格等多种 AI 绘图工具，为读者提供了 108 个实用技巧，从关键词提取到图片的制作生成，从讲解基础绘图参数到运用参数进行实战，帮助读者全方位熟悉 AI 绘图工具，使读者能够在日常生活中充分利用 AI 技术，体验人工智能在绘画和摄影中的潜力和价值。

综合来看，本书有以下 3 个亮点。

（1）实战干货。本书提供了 108 个实用的技巧和实例，涵盖了 ChatGPT 的关键词提取、文心一格的操作方法、全面大量的 AI 绘图指令和 AI 绘图操作步骤等各个方面的内容。这些实战干货可以帮助读者快速掌握 AI 绘画和 AI 摄影的核心技能，并将其应用到实际工作场景中。同时，本书还针对每个技巧进行了详细的说明和演示，并辅以 360 多张彩插图解实例操作过程，以便读者更好地理解和应用所学知识。

（2）视频教学。本书为所有操作案例录制了同步的高清教学视频，共 108 集，120 多分钟，读者可以用手机扫码，边看边学，边学边用。

（3）物超所值。本书介绍了 3 款软件，读者花 1 本书的钱，可以同时学习 3

款软件的精华，并且随书赠送了 50 多个素材效果、260 多个书中案例关键词、5200 个绘画关键词，方便读者进行实战操作练习，提高自己的绘图技能。

特别提示：

（1）版本更新：本书在编写时，是基于当时各种 AI 工具和软件的界面截取的实际操作图片，但本书从编辑到出版需要一段时间，这些工具的功能和界面可能会有所变动，请在阅读时，根据书中的思路举一反三进行学习。其中，ChatGPT 为 3.5 版，Midjourney 为 5.2 版。

（2）指令的称谓：指令又称为关键词、描述词、提示词或“咒语”，它是我们与 AI 模型进行交流的机器语言，书中在不同场合使用了不同的称谓，主要是为了让大家更好地理解这些行业用语，避免一叶障目。另外，很多关键词暂时没有对应的中文翻译，强行翻译为中文也会让人无法理解 AI 模型。

（3）指令的使用：在 Midjourney 中，尽量使用英文指令，对于英文单词的格式没有太多要求，如首字母大小写不用统一、单词顺序不用太讲究等。但需要注意的是，每个指令中间最好添加空格或逗号，同时所有的标点符号使用英文字体。另外，需要特别注意的是，即使是相同的指令，AI 模型每次生成的文案或图片内容也会有差别。

（4）特别提醒：尽管 ChatGPT 具备强大的模拟人类对话的能力，但由于其是基于机器学习的模型，因此在生成的文案中仍然会存在一些语法错误，读者需根据自身需求对文案进行适当修改或再加工后方可使用。

本书由石头编著，参与编写的人员还有刘阳洋，在此表示感谢。由于作者水平有限，书中难免存在疏漏之处，恳请广大读者批评、指正。读者可扫描封底“文泉云盘”二维码获取作者联系方式，与我们沟通交流。

编　者

2024 年 1 月

目录
CONTENTS

第 6 章 绘图指令：指定参数优化图像 …… 077

第 7 章 绘图全流程：生成作品的 4 种方法 …… 101

第1章 文案生成：ChatGPT 摄影应用

学习提示

利用 ChatGPT 生成更精准的关键词，可以帮助 AI 机器人在 Midjourney 等绘画平台中生成更符合我们需要的绘画作品。本章主要讲解 ChatGPT 关键词的挖掘技巧，以及通过 ChatGPT 生成 AI 绘画和 AI 摄影关键词的技巧。

本章重点导航

- 掌握关键词的挖掘技巧
- 生成 AI 绘画关键词
- 生成 AI 摄影关键词

1.1 掌握关键词的挖掘技巧

对于新手来说，生成 AI 绘画作品时，最困难的就是写关键词，很多人不知道该写什么。其实，写 AI 绘画关键词最简单的工具就是 ChatGPT，它是一种基于人工智能技术的聊天机器人，使用了自然语言处理和深度学习等技术，可以进行自然语言的对话，回答用户提出的各种问题，写 AI 绘画关键词也不在话下。

本节主要介绍 ChatGPT 的关键词挖掘技巧，以帮助大家掌握其基本用法，快速生成自己需要的内容。

001 使用 ChatGPT 进行对话

用户注册账号并登录 ChatGPT 之后，只需打开 ChatGPT 的聊天窗口，即可开始进行对话。具体来说，用户可以在聊天窗口中输入任何问题或话题，ChatGPT 将会尝试回答并提供与输入内容有关的信息。

下面介绍在聊天窗口中与 ChatGPT 进行对话的具体操作步骤。

步骤 01 打开 ChatGPT，单击底部的输入框，如图 1-1 所示。

步骤 02 在 ChatGPT 中输入“请用 200 字左右描述一个对称构图的摄影作品”，如图 1-2 所示。

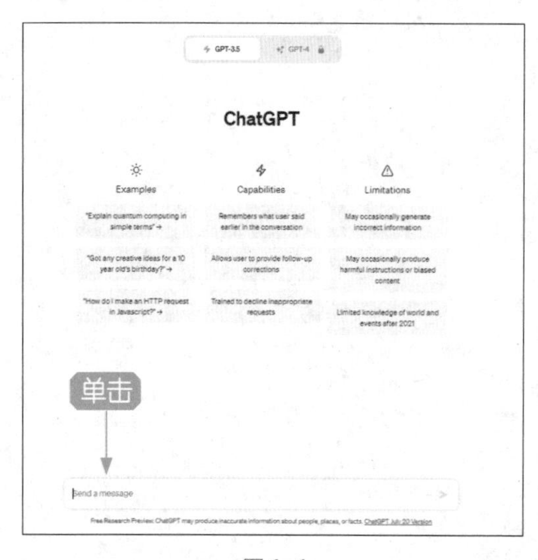

图 1-1

图 1-2

步骤 03 单击输入框右侧的发送按钮 或按 Enter 键，随后 ChatGPT 即可根据要求生成相应的内容。生成的内容如图 1-3 所示。

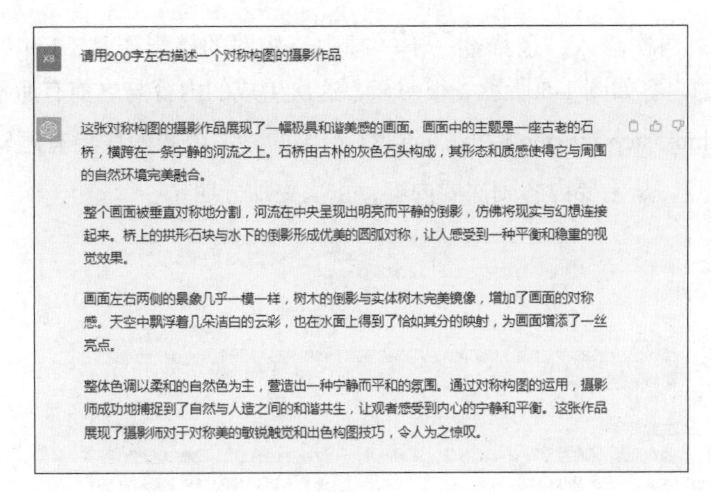

图 1-3

002 使用特定关键词提升逻辑性

ChatGPT 具有高度的语言理解能力和内容输出能力，如果你希望它输出的内容更具有逻辑性，可以在提问时加上关键词“Let’s think step by step（让我们一步一步来思考）”，即可让 ChatGPT 的逻辑能力提升数倍。下面将介绍提升 ChatGPT 逻辑能力的方法。

步骤 01 在 ChatGPT 中输入“请描述一下一幅中心构图的摄影作品”，ChatGPT 即可根据该问题简单罗列相关的内容，如图 1-4 所示。

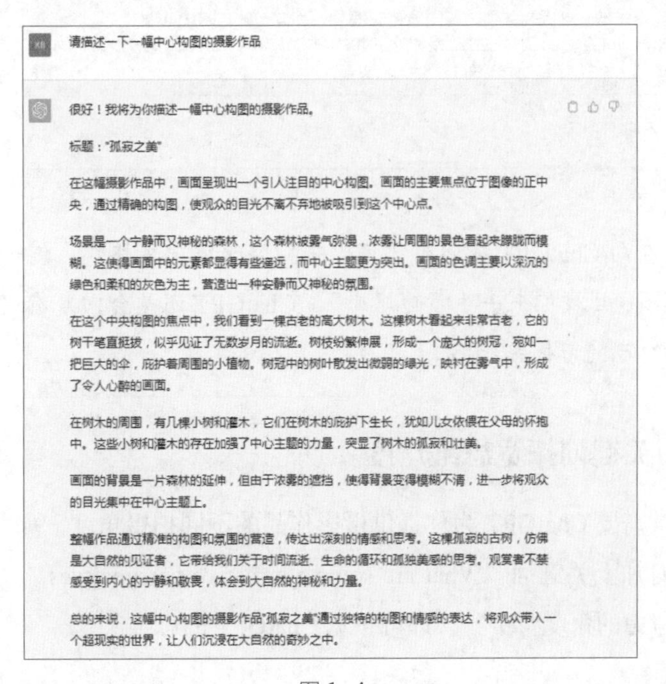

图 1-4

步骤 02 再次输入“请描述一下一幅中心构图的摄影作品，Let’s think step by step”，生成的内容如图 1-5 所示。很明显，这次生成的内容与之前有所不同，加上了关键词 Let’s think step by step 后，ChatGPT 给出的答案内容顺序更有逻辑性，从主题情感到细节特点，从主要内容到次要内容，主次更加分明。

图 1-5

专家指点

注意此处在向 ChatGPT 提问时，可以将指令改成中文格式，例如“写出暑期出行安全注意事项，让我们来一步步地思考”，ChatGPT 还是会回复有逻辑性的答案，用户可以根据自己的习惯来编写。

003 使用关键词拓宽思维广度

你如果经常需要 ChatGPT 为你提供摄影作品的不同拍摄角度，那么可以在提问时加上关键词“What are some alternative perspectives ?（有哪些可以考虑的角度？）”，即可拓宽 ChatGPT 的思维广度。

步骤 01 在 ChatGPT 中输入“请描述一下一幅黑白摄影作品”，ChatGPT 的回答如图 1-6 所示，整体内容比较平铺直叙。

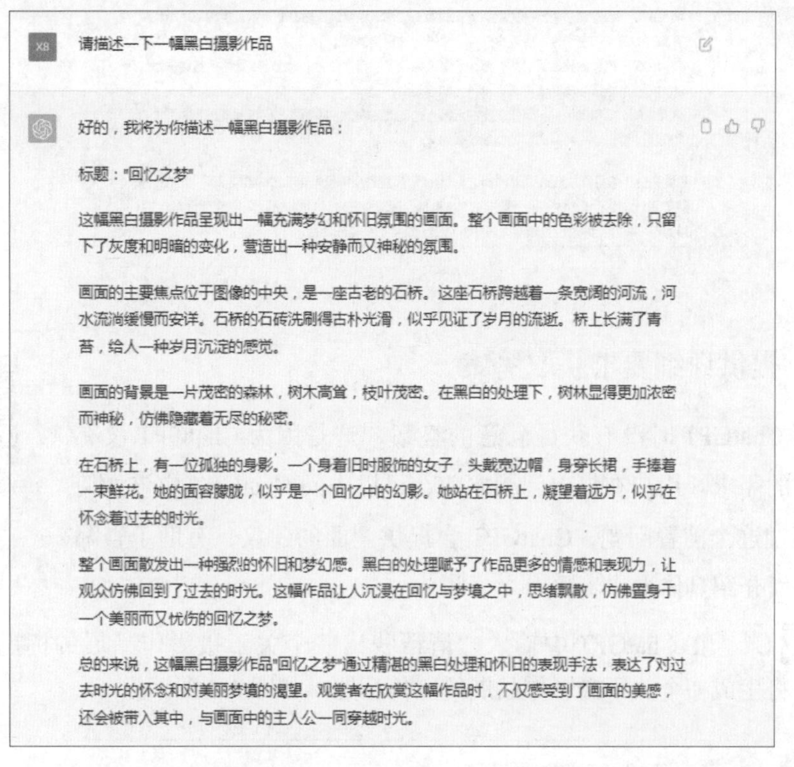

图 1-6

步骤 02 想要得到更多选择，可以再次提问“请描述一下一幅黑白摄影作品，What are some alternative perspectives？”，ChatGPT 会在介绍摄影作品特点的同时，为用户提供其他的可替代性视角，为拍摄作品提供多种角度，如图 1-7 所示。

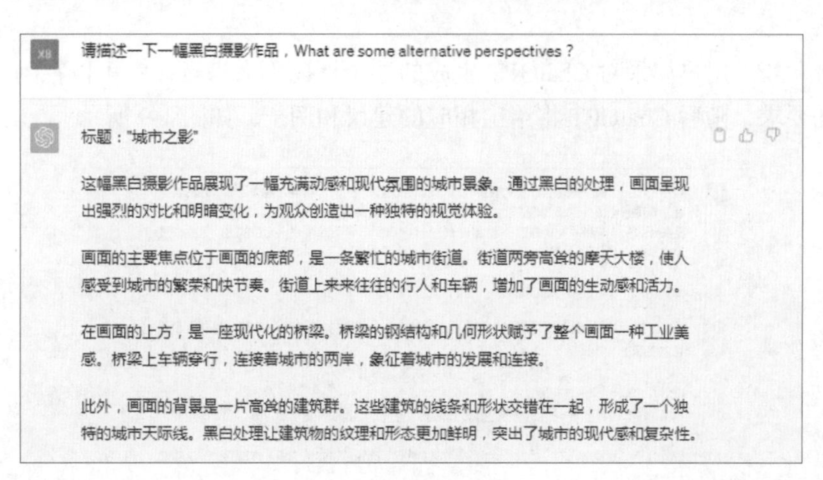

图 1-7

替代性视角：

1. 俯视角度：摄影师采用俯视角度，从高处俯瞰整个城市景象。这种视角可以展现出城市的规模和繁忙，同时也强调了城市的现代感和复杂性。
2. 镜头畸变：摄影师使用特殊的镜头畸变效果，使建筑物看起来扭曲而夸张。这种视角增加了画面的抽象感和艺术性，给观众一种与众不同的视觉体验。
3. 高对比度：通过加强画面的对比度，摄影师强调了明暗的变化，增加了画面的视觉冲击力。高对比度的处理使得画面更具视觉张力和表现力。
4. 镜面倒影：摄影师捕捉到了建筑物在水面上的镜面倒影。这种镜面倒影增添了画面的层次感和魅力，营造出一种梦幻和幻觉般的效果。

总的来说，这幅黑白摄影作品"城市之影"通过替代性的视角和处理手法，展现了现代城市的繁荣和活力，以及城市中不同元素的交织与融合。观赏者在欣赏这幅作品时，会感受到城市的魅力和多样性，同时也会被带入其中，感受到城市的脉动和活力。

图 1-7（续）

004 提供详细要求获取答案

使用 ChatGPT 时没有获得满意的答案，这是因为 ChatGPT 没有收到具体的需求。用户在提出问题之前，可以先问 ChatGPT 应该如何提问，通过这个前置问题，ChatGPT 会提供全面的建议，有助于查漏补缺。下面介绍具体操作步骤。

步骤 01 在 ChatGPT 中输入“请帮我出一个关于摄影作品展的标题”，随后 ChatGPT 将生成一个关于摄影作品展的宣传标题，如图 1-8 所示。

请帮我出一个关于摄影作品展的标题

当然！以下是一个关于摄影作品展的标题：

"镜光时刻：穿越镜头的世界"

图 1-8

步骤 02 用户如果对 ChatGPT 生成的这个标题不太满意，就可以在问题后面提供详细的要求，随后 ChatGPT 将给出相应的建议和例子，如图 1-9 所示。

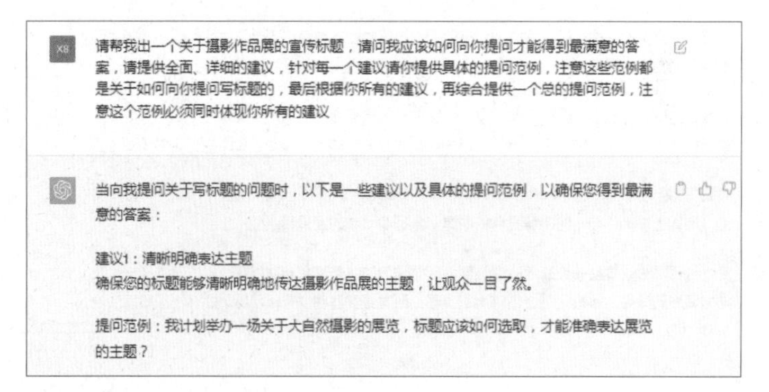
请帮我出一个关于摄影作品展的宣传标题，请问我应该如何向你提问才能得到最满意的答案，请提供全面、详细的建议，针对每一个建议请你提供具体的提问范例，注意这些范例都是关于如何向你提问写标题的，最后根据你所有的建议，再综合提供一个总的提问范例，注意这个范例必须同时体现你所有的建议

当向我提问关于写标题的问题时，以下是一些建议以及具体的提问范例，以确保您得到最满意的答案：

建议1：清晰明确表达主题
确保您的标题能够清晰明确地传达摄影作品展的主题，让观众一目了然。

提问范例：我计划举办一场关于大自然摄影的展览，标题应该如何选取，才能准确表达展览的主题？

图 1-9

建议2：吸引人眼球
一个吸引人眼球的标题能够吸引更多观众参与，使用具有吸引力和独特性的词汇。

提问范例：我想要一个引人注目的标题，用于描述一场以城市建筑为主题的摄影展览，有什么好的建议吗？

建议3：简洁易记
保持标题简洁明了，易于记忆和传播，避免使用过于复杂或冗长的词汇。

提问范例：我需要一个简洁而又能留下深刻印象的标题，用于描述一场黑白摄影作品展，请给予一些建议。

建议4：词语搭配和韵律
考虑词语之间的搭配和韵律，这有助于使标题更加优雅和富有感染力。

提问范例：我正在策划一场关于音乐摄影的展览，希望标题能够兼具音乐感与视觉美感，有什么好的方法可以实现这一点？

综合提问范例（结合以上所有建议）：
我打算举办一场摄影作品展，主题是关于人与自然的和谐相处。我需要一个简洁明了、吸引人眼球，并能传达主题的标题。你有什么好的建议？考虑到展览的主题是自然，是否可以利用词语搭配和韵律来增强标题的吸引力？请给予一些具体的标题示例，帮助我最终确定一个满意的展览标题。

图 1-9（续）

步骤 03 根据 ChatGPT 的回答重新提问，并在问题后面加上“请给多个标题供我选择”，ChatGPT 的回答如图 1-10 所示。

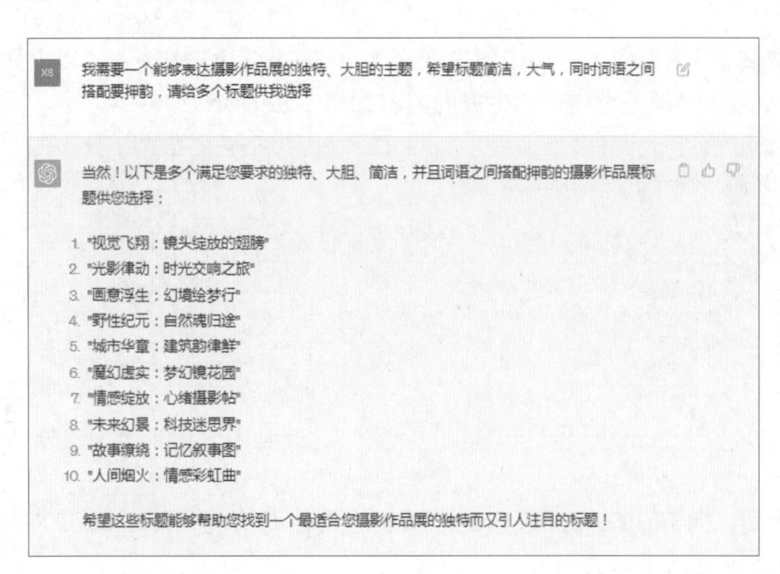

图 1-10

在提问的后面提供详细的要求能获得更加详细的答案，从图 1-10 可以看出，第二次的回答相较于第一次的回答更加全面，也更加符合期望。

扫码观看教学视频

005 提供实例说明需求

通过提供实例，用户可以更清楚地说明问题或需求，使 ChatGPT

更好地理解用户的意图。例如，我们可以向 ChatGPT 提供实例来撰写文章。

步骤 01 在 ChatGPT 中输入“给你一个 AI 绘画关键词的实例：花瓶，发亮，电影级打光，浪漫，花朵，花瓣，星辰，抽象主义风格，高清像素，16k，电影大片效果”，如图 1-11 所示。

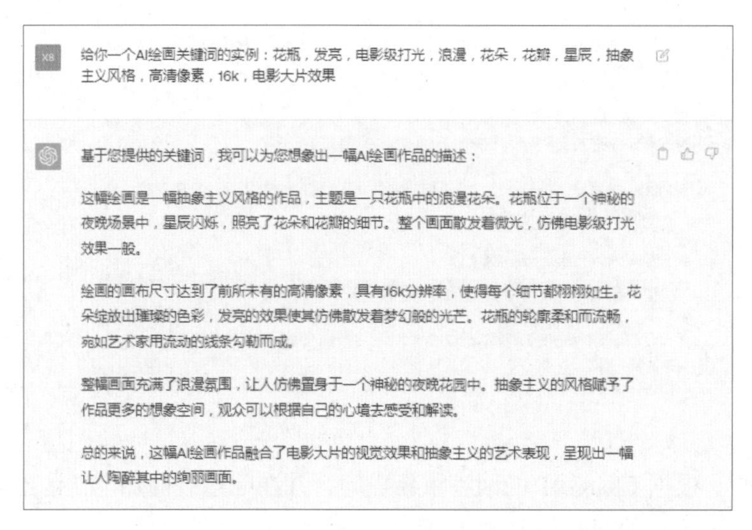

图 1-11

步骤 02 根据上面的实例内容生成文本，在 ChatGPT 中输入“以上面的实例，写 6 个相关的 AI 绘画关键词”，生成的内容如图 1-12 所示。

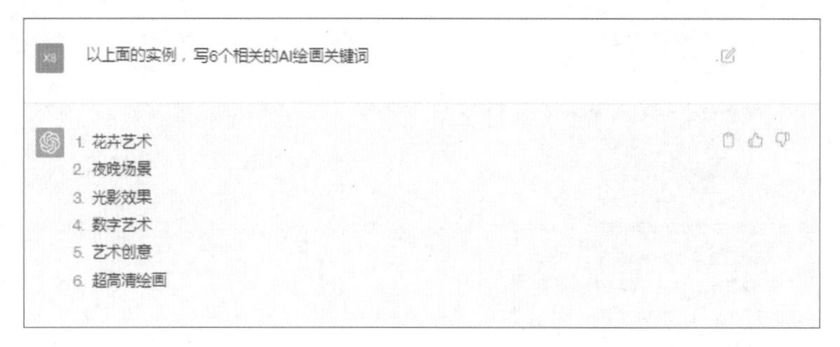

图 1-12

可以看到，向 ChatGPT 提供实例可以表达具体的情境，使 ChatGPT 能够更好地理解用户的意图并给出准确的回答。

006 通过扮演角色获取答案

进行角色扮演是指用户扮演某个角色，并通过与 ChatGPT 的对话模拟该角色的言谈举止。提供有关该角色的背景信息、情感状态、目标和观点，然后与 ChatGPT 进行对话，以模拟该角色在特定情境下

的回答和反应。

步骤 01 在 ChatGPT 中输入“你现在是一位 AI 绘画师，请提供一些生成建筑类摄影作品的指令建议”。随后，ChatGPT 将给出一些关于生成指令的建议，并列举了 10 个方法，如图 1-13 所示。

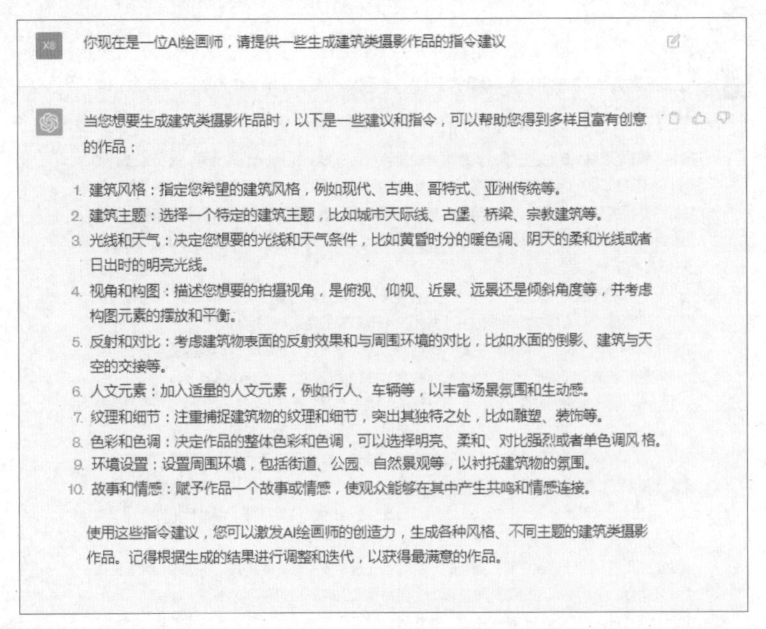

图 1-13

步骤 02 在进行角色扮演时，ChatGPT 会根据你所提供的角色信息尽力给出合适的回答，向 ChatGPT 询问“请整合上述建议，提供 5 个桥梁的 AI 摄影指令示例，要求纪实摄影风格”，生成的内容如图 1-14 所示。

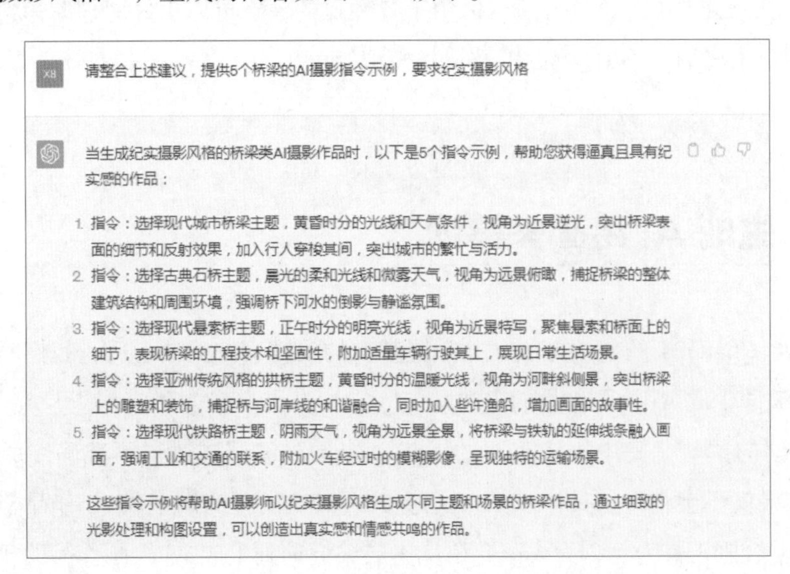

图 1-14

步骤 03 要求 ChatGPT 重新生成一个指令，在 ChatGPT 中输入“请重新生成 10 个指令示例，在每个指令示例中分别添加构图、光线、色彩等风格的关键词”，生成的内容如图 1-15 所示。

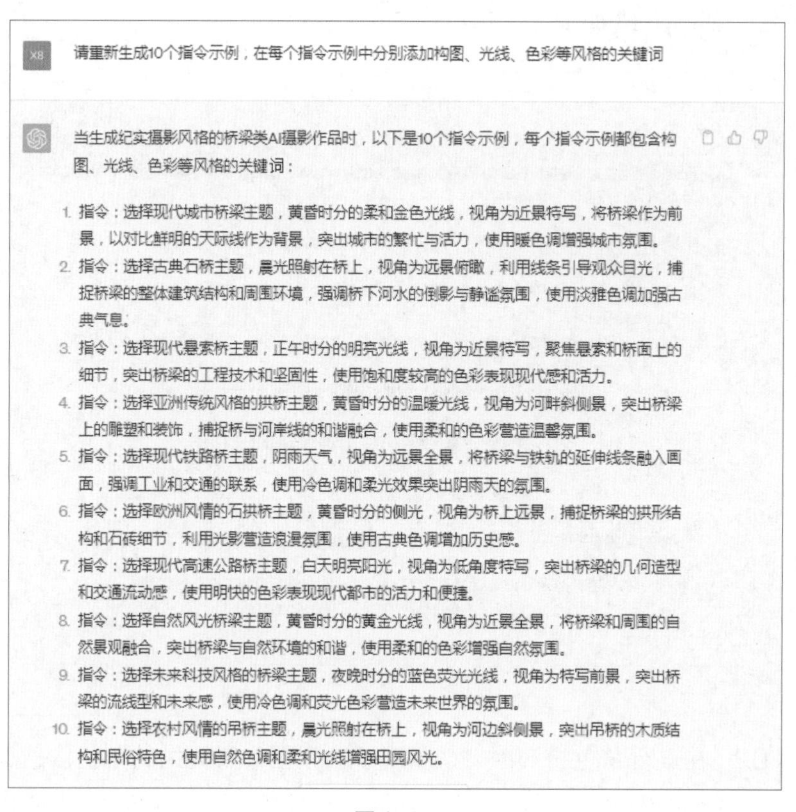

图 1-15

使用 ChatGPT 进行角色扮演可以用于各种目的，它可以更好地理解角色的动机和行为，包括创作写作、角色测试以及情景模拟等。

1.2 生成 AI 绘画关键词

在学会 ChatGPT 的使用方法，并掌握基本的关键词挖掘技巧后，我们需要掌握利用这些关键词生成 AI 绘画作品的方法。

关键词的撰写是其中比较重要的一步，如果关键词描述得不准确，那么得到的 AI 绘画结果就不会精准。具体该如何通过 ChatGPT 的关键词生成 AI 作品，本节将以 Midjourney 绘画工具为例，为大家介绍从生成关键词到生成 AI 绘画作品的相关技巧。

007 直接提问获取关键词

在进行 AI 绘画时，如果不知道如何撰写关键词，就可以直接向 ChatGPT 提问，让它用关键词描绘需要的画面和场景。下面介绍具体操作步骤。

步骤 01 在 ChatGPT 中输入“帮我形容下日落的场景”，ChatGPT 给出的回答会比较详细，其中有许多关键词可以使用，比如“温暖的橙色和金黄色、巨大的火球、夕阳的余晖、色彩斑斓的图案，树木、建筑和水面”，如图 1-16 所示。

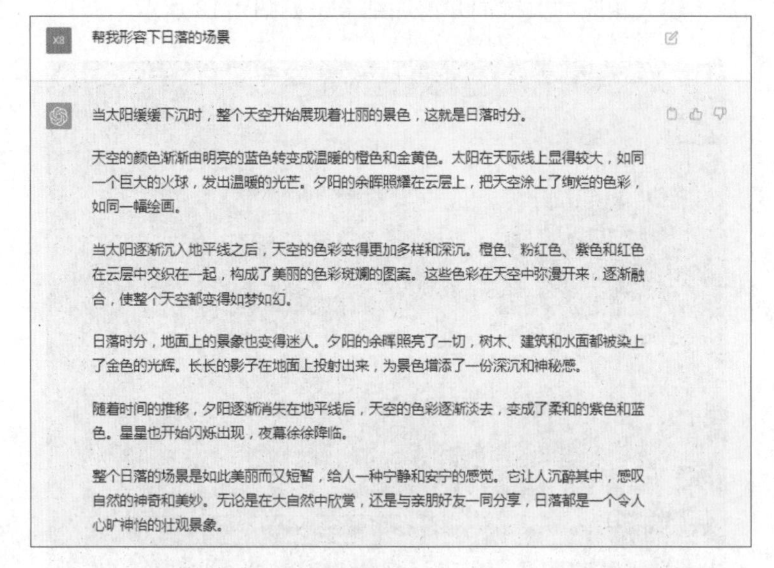

图 1-16

步骤 02 如果需要更细致地描述日落的场景，就可以再次输入“形容得再细致点，主要是场景构图特点”，此时 ChatGPT 将对日落的场景细节再次进行细致描述，又可以得到许多关键词，如图 1-17 所示，这就是通过直接提问获取关键词。

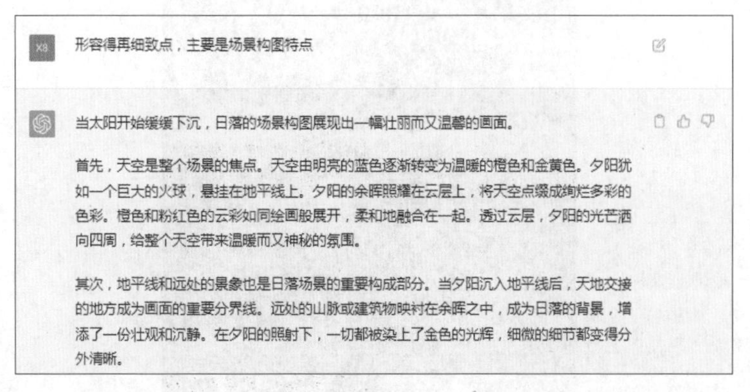

图 1-17

第三，地面上的元素也是日落场景中不可或缺的一部分。夕阳的余辉洒在大地上，为树木、花草和建筑物披上一层金色的光晕。长长的树影和建筑物的轮廓在地面上拉出一幅幅有趣的图案。反射在湖泊或河流上的夕阳光线，使水面熠熠生辉，宛如一幅闪耀着光斑的画作。

第四，日落时分的景象也会引发动态变化。随着太阳的沉入，光线的角度和颜色也在不断变化。这种变化使得日落场景充满了动感和魅力，让人仿佛置身于一个变幻莫测的奇妙世界。

整个日落的场景构图特点是多样而又和谐的色彩，通过夕阳的余晖和云层的交织，营造出一种梦幻般的氛围。天空、地平线、远处景象和地面元素相互交织，共同构成了这幅美丽的画卷。日落时分的景象变化万千，令人陶醉其中，不愧为大自然最美丽的艺术之一。

图 1-17（续）

步骤 03 先将在 ChatGPT 中获取的关键词翻译成英文，然后在 Midjourney 中调用 imagine 指令，输入相应的关键词并增加细节，如图 1-18 所示。

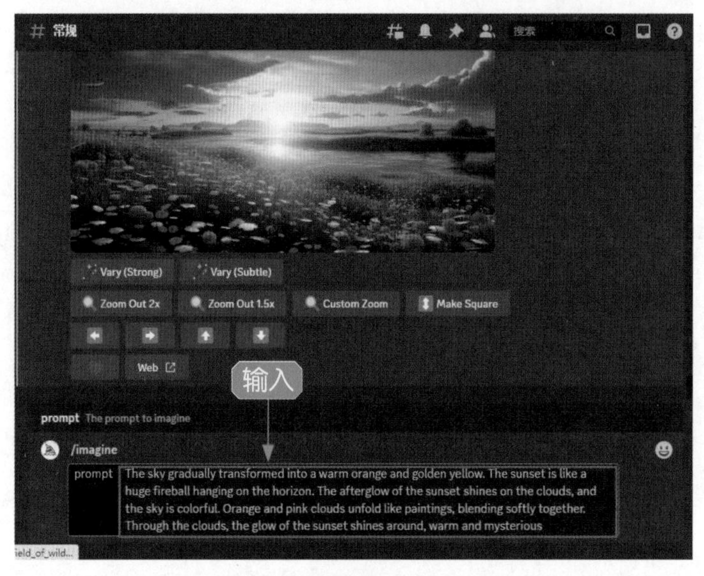

图 1-18

步骤 04 按 Enter 键确认，Midjourney 将生成 4 张对应的图片，效果如图 1-19 所示。

图 1-19

专家指点

本实例中用到的关键词为“天空逐渐转变为温暖的橙色和金黄色。夕阳犹如巨大的火球，悬挂在地平线上。夕阳的余晖照耀在云层上，天空绚烂多彩，橙色和粉红色的云彩如同绘画般展开，柔和地融合在一起。透过云层，夕阳的光芒洒向四周，温暖而又神秘”。

008 通过对话不断获取关键词

我们可以将 ChatGPT 看作一个功能强大的“智能聊天机器人”，通过与它不断地对话，得到我们想要的 AI 绘画关键词。下面以“长城”为例，向大家讲解如何通过对话获取 AI 绘画关键词，具体操作步骤如下。

步骤 01 在 ChatGPT 中输入“请根据我给你的 idea，描述一个富有历史气息的画面，然后使用逗号分隔描述里的修饰词，并把描述翻译成英文。idea：长城，字数 150 字左右”，ChatGPT 给出了许多文案信息，并翻译成了英文，如图 1-20 所示。

请根据我给你的idea，描述一个富有历史气息的画面，然后使用逗号分隔描述里的修饰词，并把描述翻译成英文。idea：长城，字数150字左右

长城，苍古挺拔，沧桑壮美，历久弥新。屹立在山川之间，高耸入云，雄伟雄奇。砖石相间，错落有致，历经风霜岁月，依然巍然屹立。古老而坚韧，见证着无数历史的变迁。长城蜿蜒曲折，似一条史诗般的长龙，贯穿山脉，绵延万里。每一块石头，都沉淀着古代的智慧与辛勤。漫步其间，仿佛能穿越时光隧道，感受到岁月的沧桑与厚重。长城是中华民族的象征，是一座承载着历史记忆的宏伟工程。

Translation in English:
The Great Wall, ancient and majestic, carries the weight of history, enduring through the ages. It stands tall between mountains and rivers, soaring into the clouds, magnificent and grand. Bricks and stones interlock, arranged in an orderly yet artful manner, weathered by wind and frost, yet still standing firm. Ancient and resolute, it bears witness to countless historical changes. The Great Wall winds and stretches like an epic dragon, traversing mountains and extending for thousands of miles. Each stone bears the imprint of ancient wisdom and hard work. Strolling along its path is like traveling through a tunnel of time, feeling the vicissitudes and profoundness of the years. The Great Wall is a symbol of the Chinese nation, a magnificent engineering marvel carrying the memory of history.

图 1-20

步骤 02 ChatGPT 给出的文案信息过多，下一步我们希望它能将语言精简，此时可以再次输入“简短一些，仅保留关键词，并使用逗号将关键词隔开，然后翻译成英文”，这次 ChatGPT 的回答内容精简了很多，并翻译成了英文，如图 1-21 所示。

步骤 03 复制这段英文，打开 Midjourney 页面，调用 imagine 指令，将复制的内容粘贴到 Midjourney 页面的输入框中，如图 1-22 所示。

图 1-21

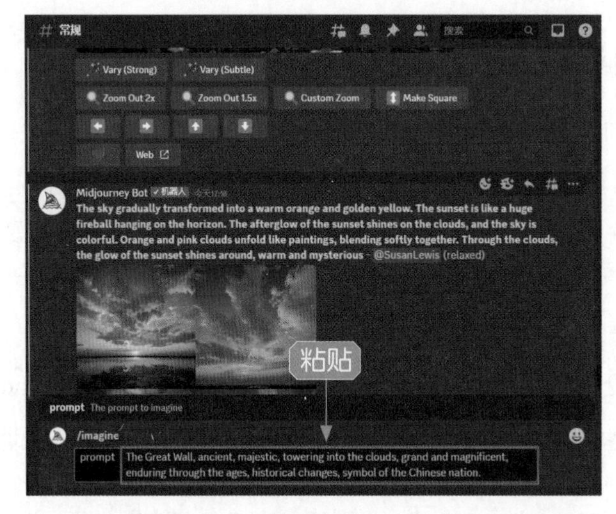

图 1-22

步骤 04 按 Enter 键确认，即可看到 Midjourney Bot 开始运行，稍等片刻，Midjourney 将生成 4 张对应的图片，如图 1-23 所示。需要注意的是，即使是相同的关键词，Midjourney 每次生成的图片效果也不一样。

图 1-23

步骤 05 我们可以看到，Midjourney 生成的图片还不够写实，如果需要摄影风格，那么可以在 ChatGPT 的关键词中对照片的风格进行定义。在 ChatGPT 中继续输入“我需要摄影风格的照片，4K，请加入关键词中”，ChatGPT 的回答如图 1-24 所示。

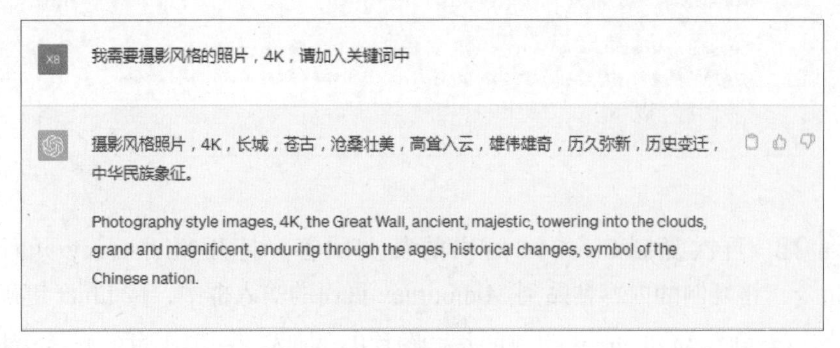

图 1-24

步骤 06 复制 ChatGPT 给出的英文回答，再次打开 Midjourney 页面，调用 imagine 指令，将复制的内容粘贴到 Midjourney 页面的输入框中，按 Enter 键确认，稍等片刻，即可看到 Midjourney 生成了多张摄影风格的长城风景照片，如图 1-25 所示。

图 1-25

步骤 07 如果觉得照片有些单调，想在照片中加入一些元素，可以在 ChatGPT 中继续输入“在关键词中，加入一群飞过的候鸟”，ChatGPT 的回答如图 1-26 所示。

在关键词中，加入一群飞过的候鸟

摄影风格照片，4K，长城，苍古，沧桑壮美，高耸入云，雄伟雄奇，历久弥新，历史变迁，中华民族象征，飞过的候鸟。

Photography style images, 4K, the Great Wall, ancient, majestic, towering into the clouds, grand and magnificent, enduring through the ages, historical changes, symbol of the Chinese nation, flying migratory birds.

图 1-26

步骤 08 再次复制 ChatGPT 给出的英文回答，打开 Midjourney 页面，调用 imagine 指令，将复制的内容粘贴到 Midjourney 页面的输入框中，按 Enter 键确认，稍等片刻，即可看到在 Midjourney 生成的长城图片中，加入了一群飞过的候鸟，如图 1-27 所示。

图 1-27

009 区分中、英文关键词

我们在与 ChatGPT 进行对话的时候，还可以通过表格形式生成我们需要的关键词。下面介绍通过表格区分中、英文关键词的具体操作步骤。

步骤 01 在 ChatGPT 中输入“一张人像类摄影作品的构思分哪几个部分，尽量全面且详细，用表格回答”。ChatGPT 将以表格的形式给出回答，如图 1-28 所示。

一张人像类摄影作品的构思分哪几个部分，尽量全面且详细，用表格回答

部分	描述
主题和概念	确定拍摄的主题和概念，例如肖像、情感表达、角色扮演等。
背景和环境	选择适合主题的背景和环境，确保与主题相协调，不会分散注意力。
光线和照明	确定合适的光线和照明条件，考虑自然光或人工灯光，以营造所需的氛围。
服装和化妆	安排合适的服装和化妆风格，以增强主题的表现力和情感。
姿势和动作	指导被摄者的姿势和动作，以展现所需的情感和氛围。
拍摄角度和构图	选择合适的拍摄角度和构图，突出主体，遵循构图原则，如对称、对角线等。
焦距和景深	使用合适的镜头焦距和景深控制，以强调或模糊背景，营造特定的视觉效果。
拍摄设备和设置	使用适合的相机和镜头，调整快门速度、光圈等设置，确保图像质量。
拍摄角色与指导	与被摄者建立良好的互动，给予指导以帮助其放松、表现自然。
后期处理	对拍摄的照片进行后期处理，如色彩调整、修饰、滤镜应用等，以加强作品的表现力。
整体氛围和情感	确保作品表现出预期的氛围和情感，让观众在欣赏照片时能感受到所要传达的情感和故事。

以上表格列出了人像类摄影作品构思的各个关键部分。这些部分共同决定了作品的表现力和视觉效果，从主题和概念的确定到后期处理的完成，每一步都是确保拍摄作品成功的重要环节。

图 1-28

步骤 02 继续向 ChatGPT 提问，让它给出具体的提示词，在 ChatGPT 中输入“有哪些人像摄影类型，请用表格回答，中英文对照”。ChatGPT 给出了许多人像摄影类别，并有英文和中文对照，如图 1-29 所示，从这些回答中可以提取关键词信息。

有哪些人像摄影类型，请用表格回答，中英文对照

人像摄影类型	Portrait Photography Types
传统肖像	Traditional Portraits
环境肖像	Environmental Portraits
半身/全身肖像	Half/Full-Length Portraits
头像肖像	Headshots
街头人像	Street Portraits
家庭肖像	Family Portraits
儿童肖像	Children Portraits
时尚人像	Fashion Portraits
表演肖像	Performance Portraits
艺术人像	Artistic Portraits
情感人像	Emotional Portraits
复古/老照片风格	Vintage/Old-fashioned Portraits
好莱坞明星风格	Hollywood Celebrity Portraits
黑白人像	Black and White Portraits
彩妆/美妆人像	Makeup and Beauty Portraits
姿势/动作人像	Posed/Action Portraits
纪实人像	Documentary Portraits
婚纱人像	Bridal Portraits
大片风人像	Dramatic Portraits

图 1-29

步骤 03 在 ChatGPT 中继续输入“人像摄影的取景可以有哪些地点，请用表格回答，中英文对照”。ChatGPT 将会给出人像摄影取景地点的相关回答，如图 1-30 所示。

人像摄影的取景可以有哪些地点，请用表格回答，中英文对照

人像摄影取景地点	Portrait Photography Locations
室内	Indoors
室外	Outdoors
城市街景	Urban Streetscapes
自然风景	Natural Landscapes
公园	Parks
森林	Forests
海滩	Beaches
山区	Mountains
建筑物	Architectural Structures
街头	Street Scenes
城市公共空间	Urban Public Spaces
农村乡间	Rural Countryside
花园	Gardens
城市背景	City Backgrounds
文化遗产地	Cultural Heritage Sites
艺术画廊	Art Galleries
都市夜景	City Nightscapes
水景	Water Features
背景布景	Backdrops

图 1-30

步骤 04 继续向 ChatGPT 提问，可以针对意图、布局以及色彩等提出具体的细节，提问越具体，ChatGPT 的回答越精准。我们可以从这些表格中复制需要的关键词信息，将复制的内容通过 imagine 指令粘贴到 Midjourney 页面的输入框中，如图 1-31 所示。

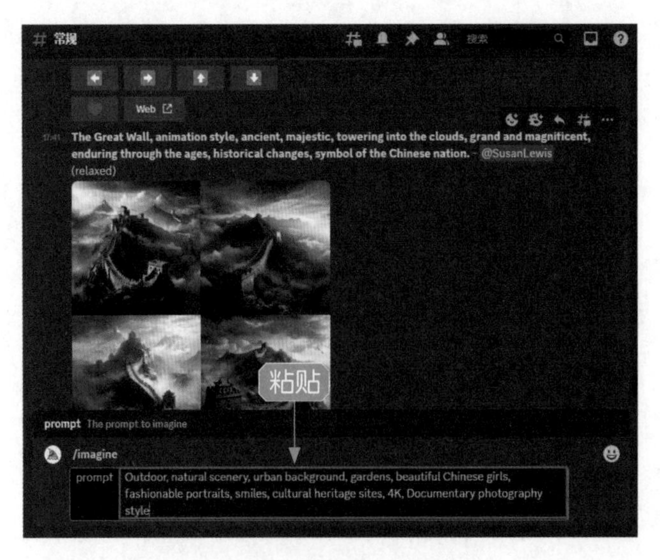

图 1-31

步骤 05 按 Enter 键确认，Midjourney 将生成对应的图片，放大后的效果如图 1-32 所示。

图 1-32

1.3 生成 AI 摄影关键词

要利用 ChatGPT 生成专业大师级的摄影作品，除了要掌握基本的关键词挖掘技巧，还需要根据实际对不同风格摄影图片的需要，掌握一些专门获取摄影关键词的技巧。本节将以 Midjourney 为例，为大家介绍从生成摄影关键词到生成 AI 摄影作品的相关技巧。

010 以表格形式获取组合关键词

生成 AI 摄影作品，我们需要知道一张优秀的摄影照片有哪些要素，用户可以通过要求 ChatGPT 以表格的形式生成摄影组合关键词，从而根据不同风格、不同拍摄场景，运用不同的摄影组合关键词，生成自己想要的 AI 摄影图片。下面讲解如何获取摄影组合关键词，具体操作步骤如下。

步骤 01 在 ChatGPT 中输入“拍出优秀的摄影照片，有哪些技巧？”，ChatGPT 将会给出具体的摄影技巧，包括构图视角、光线、色彩等要素，生成的内容如图 1-33 所示。

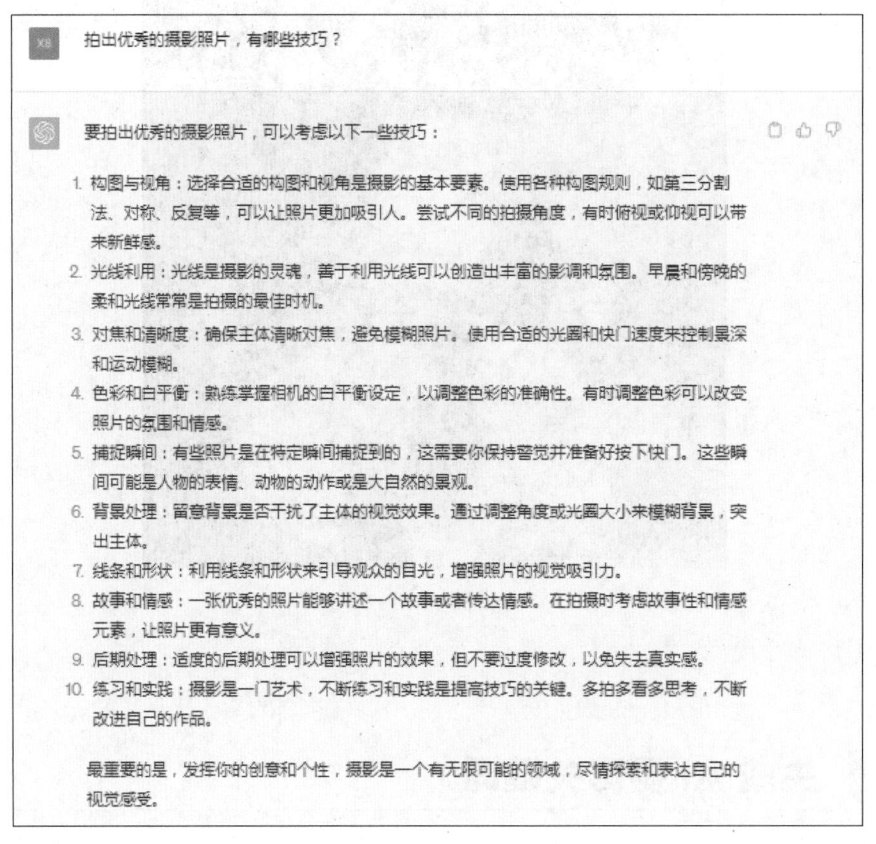
拍出优秀的摄影照片，有哪些技巧？

要拍出优秀的摄影照片，可以考虑以下一些技巧：

1. 构图与视角：选择合适的构图和视角是摄影的基本要素。使用各种构图规则，如第三分割法、对称、反复等，可以让照片更加吸引人。尝试不同的拍摄角度，有时俯视或仰视可以带来新鲜感。
2. 光线利用：光线是摄影的灵魂，善于利用光线可以创造出丰富的影调和氛围。早晨和傍晚的柔和光线常常是拍摄的最佳时机。
3. 对焦和清晰度：确保主体清晰对焦，避免模糊照片。使用合适的光圈和快门速度来控制景深和运动模糊。
4. 色彩和白平衡：熟练掌握相机的白平衡设定，以调整色彩的准确性。有时调整色彩可以改变照片的氛围和情感。
5. 捕捉瞬间：有些照片是在特定瞬间捕捉到的，这需要你保持警觉并准备好按下快门。这些瞬间可能是人物的表情、动物的动作或是大自然的景观。
6. 背景处理：留意背景是否干扰了主体的视觉效果。通过调整角度或光圈大小来模糊背景，突出主体。
7. 线条和形状：利用线条和形状来引导观众的目光，增强照片的视觉吸引力。
8. 故事和情感：一张优秀的照片能够讲述一个故事或者传达情感。在拍摄时考虑故事性和情感元素，让照片更有意义。
9. 后期处理：适度的后期处理可以增强照片的效果，但不要过度修改，以免失去真实感。
10. 练习和实践：摄影是一门艺术，不断练习和实践是提高技巧的关键。多拍多看多思考，不断改进自己的作品。

最重要的是，发挥你的创意和个性，摄影是一个有无限可能的领域，尽情探索和表达自己的视觉感受。

图 1-33

步骤 02 根据所提供的技巧要素，进行适当删减，在 ChatGPT 中输入相应的关键词，要求 ChatGPT 以表格的形式生成摄影的常用组合关键词。生成的内容如图 1-34 所示。

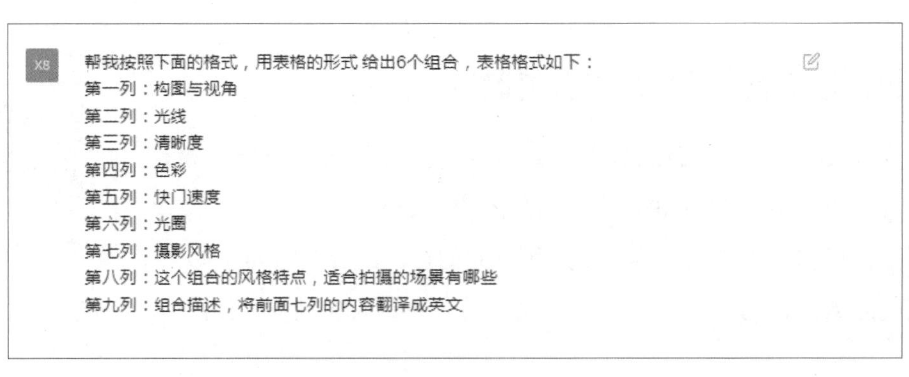
帮我按照下面的格式，用表格的形式 给出6个组合，表格格式如下：
第一列：构图与视角
第二列：光线
第三列：清晰度
第四列：色彩
第五列：快门速度
第六列：光圈
第七列：摄影风格
第八列：这个组合的风格特点，适合拍摄的场景有哪些
第九列：组合描述，将前面七列的内容翻译成英文

图 1-34

构图与视角	光线	清晰度	色彩	快门速度	光圈	摄影风格	风格特点及适合场景	组合描述（英文）
对称构图	傍晚柔和光线	清晰	鲜艳	1/60秒	f/8	城市景观	突出建筑物轮廓，适合拍摄城市夜景	Symmetrical composition with soft evening light, clear details, vibrant colors, and a shutter speed of 1/60s and aperture f/8. Ideal for capturing urban landscapes, emphasizing architectural lines, and shooting city nightscapes.
对角线构图	日落金色阳光	微细	暖色调	1/500秒	f/2.8	人像	利用对角线引导视觉，适合拍摄温馨人像	Diagonal composition with golden sunlight during sunset, slightly soft focus, warm color tones, fast shutter speed of 1/500s, and wide aperture of f/2.8. Perfect for capturing intimate portraits using diagonal lines to guide the viewer's gaze.
第三分割法	清晨朝阳光	清晰	柔和	1/250秒	f/5.6	风景	采用第三分割法创造平衡画面，适合拍摄大自然景观	Rule of thirds composition with soft morning sunlight, clear details, gentle color palette, shutter speed of 1/250s, and aperture f/5.6. Ideal for capturing scenic landscapes with a balanced composition using the rule of thirds.
俯视角	中午直射阳光	微细	饱和	1/1000秒	f/11	食物	俯视角度烘托食物质感，适合拍摄美食照片	Overhead view with harsh noon sunlight, slightly soft focus, vibrant colors, fast shutter speed of 1/1000s, and narrow aperture of f/11. Perfect for capturing food photography with a focus on texture and presentation.
低角度	黄昏暖色光线	微细	色调和谐	1/30秒	f/4.0	人文纪实	低角度视角增强人物氛围，适合拍摄街头人文	Low-angle composition with warm evening light, slightly soft focus, harmonious color tones, slow shutter speed of 1/30s, and moderate aperture of f/4.0. Ideal for capturing candid street photography, enhancing the atmosphere and emotions of the subjects.
融合构图	多云天气光线	柔化	淡雅	1/125秒	f/2.2	静物	利用融合构图创造幻想感，适合拍摄静物摄影	Composite composition with diffused light on cloudy days, soft focus, delicate color tones, shutter speed of 1/125s, and wide aperture of f/2.2. Perfect for capturing still life photography with a dreamy and imaginative atmosphere.

图 1-34（续）

可以看到，ChatGPT 以表格的形式对各种要素进行了组合，并在第 9 列生成了通用的组合关键词。

011 对关键词进行组合

在获取了通用的组合关键词之后，我们需要为 ChatGPT 提供主体对象以及拍摄的场景，根据图 1-34 中的第 8 列数据，本节以 Midjourney 为例，为大家介绍如何将主体对象和表格所提供的关键词进行组合，并利用 Midjourney 生成 AI 摄影图片。

步骤 01 在 ChatGPT 中输入“根据第 8 列第一行的内容，为我提供一段拍摄桥梁的风格特点以及拍摄场景的关键词，20 字左右，翻译成英文”，ChatGPT 将根据图 1-34 中的关键词，生成相应的风格特点以及拍摄场景。ChatGPT 生成的内容如图 1-35 所示。

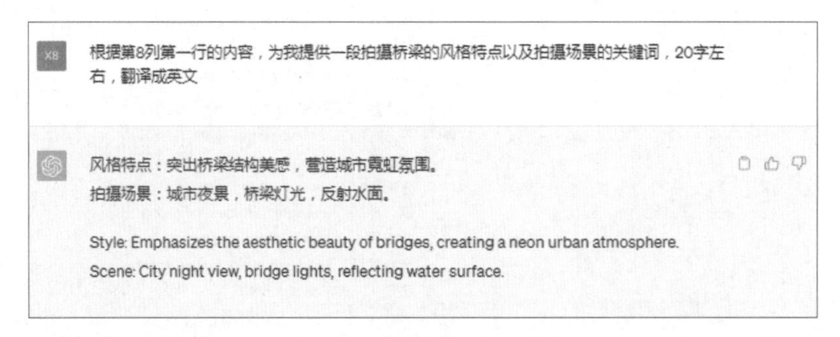

图 1-35

步骤 02 复制生成的英文关键词，并组合图 1-34 中对应的摄影关键词，打开 Midjourney 页面，通过 imagine 指令将复制的内容粘贴到 Midjourney 页面的输入框中，如图 1-36 所示。

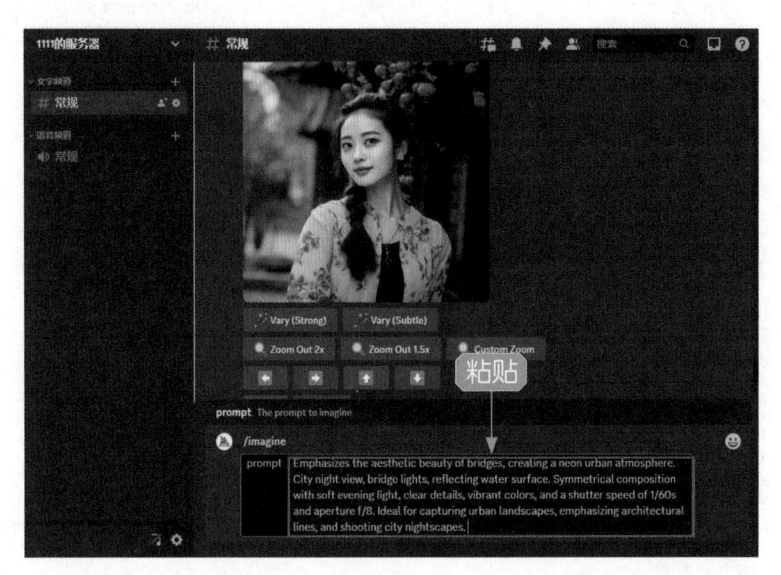

图 1-36

步骤 03 按 Enter 键确认，稍等片刻，Midjourney 将生成 4 张对应的图片，如图 1-37 所示。

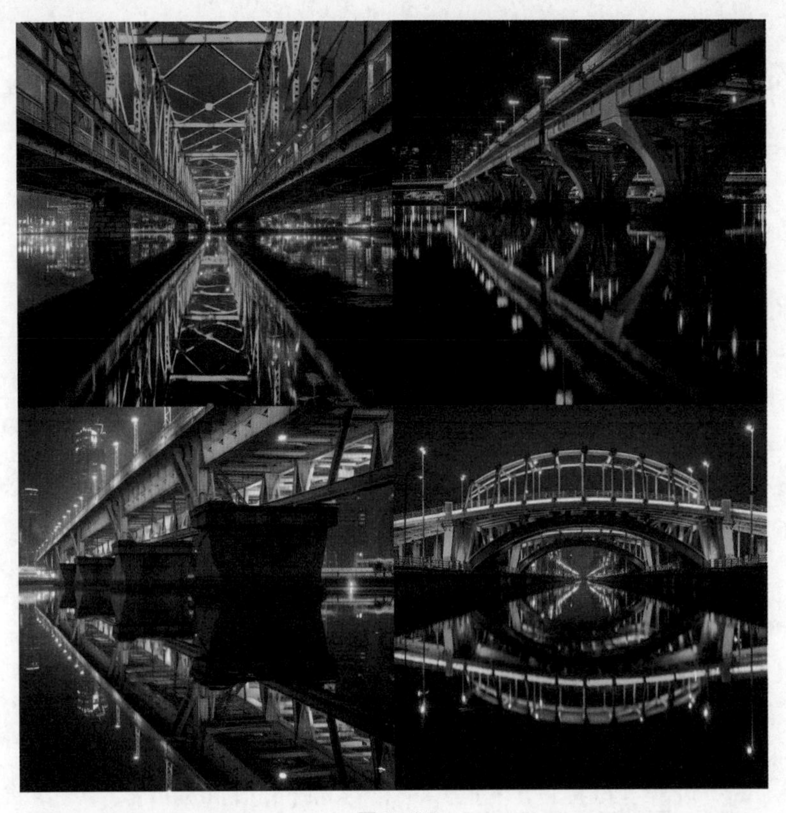

图 1-37

012 提供常用提示词公式

对于生成摄影类关键词，用户可以通过提供一个常用的提示词公式，训练 ChatGPT 的理解能力，在得到公式后，ChatGPT 的回答将会更有条理，更加符合用户的需要。下面将以提供提示词公式的方式，为大家介绍得到摄影关键词的技巧。

步骤 01 在 ChatGPT 中输入“下面是一个 midjourney 提示词的格式：（一句话描述图片内容信息）（5 个描述词）（相机类型）（相机镜头类型）（一天中的事件）（照片的风格）（电影的风格），如果你理解的话，请回复明白”，ChatGPT 将会记入该公式，并训练成接下来的回答方式，如图 1-38 所示。

下面是一个midjourney提示词的格式：（一句话描述图片内容信息）（5个描述词）（相机类型）（相机镜头类型）（一天中的事件）（照片的风格）（电影的风格），如果你理解的话，请回复明白

明白！你希望我提供一个包含以下信息的图片描述：

1. 图片内容信息（一句话描述）
2. 五个描述词
3. 相机类型
4. 相机镜头类型
5. 一天中的事件
6. 照片的风格
7. 电影的风格

请提供相关图片内容信息，我将根据提供的信息为你完成描述。

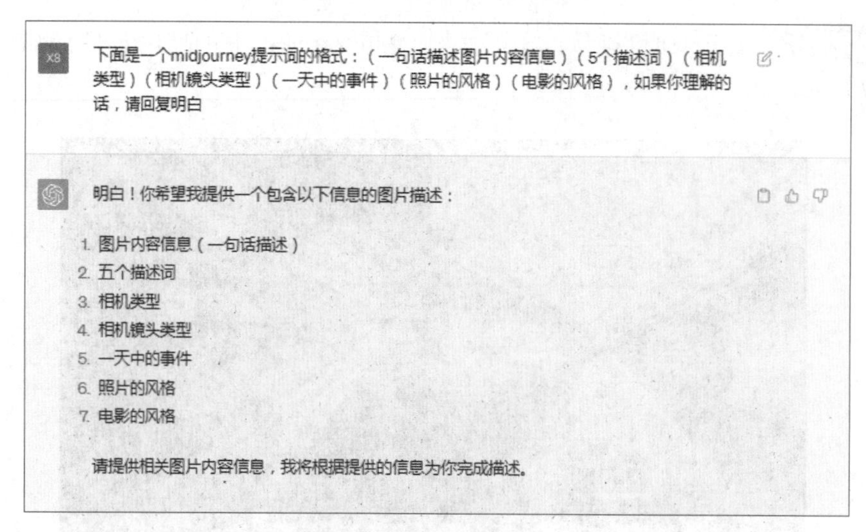

图 1-38

步骤 02 在 ChatGPT 中输入相应的图片内容信息，并要求 ChatGPT 将提示词补充完整，ChatGPT 将会生成一段包含该图片内容的关键词，如图 1-39 所示。

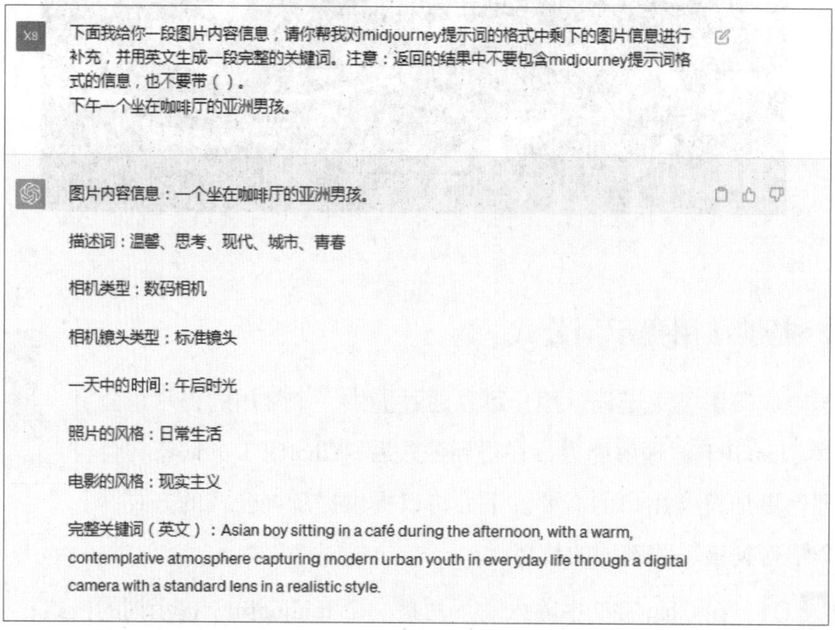

下面我给你一段图片内容信息，请你帮我对midjourney提示词的格式中剩下的图片信息进行补充，并用英文生成一段完整的关键词。注意：返回的结果中不要包含midjourney提示词格式的信息，也不要带（）。
下午一个坐在咖啡厅的亚洲男孩。

图片内容信息：一个坐在咖啡厅的亚洲男孩。

描述词：温馨、思考、现代、城市、青春

相机类型：数码相机

相机镜头类型：标准镜头

一天中的时间：午后时光

照片的风格：日常生活

电影的风格：现实主义

完整关键词（英文）：Asian boy sitting in a café during the afternoon, with a warm, contemplative atmosphere capturing modern urban youth in everyday life through a digital camera with a standard lens in a realistic style.

图 1-39

步骤 03 复制生成的英文关键词，打开 Midjourney 页面，将复制的内容粘贴到 Midjourney 页面的输入框中，如图 1-40 所示。

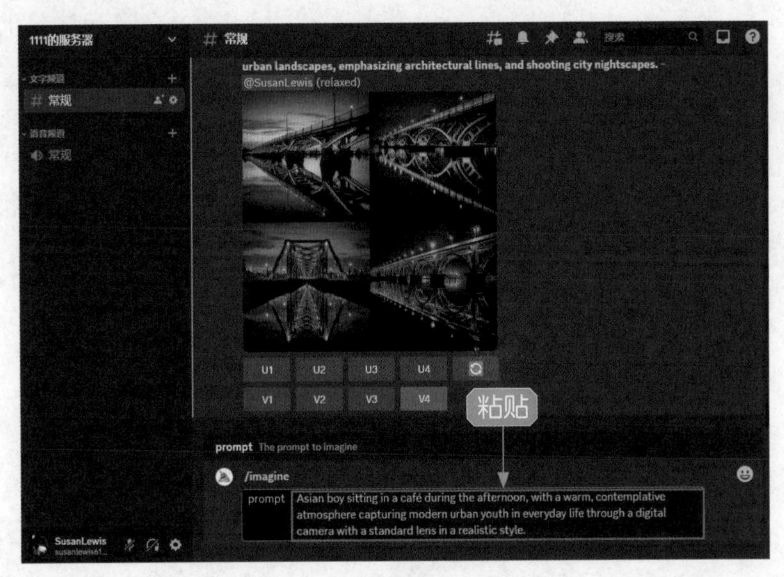

图 1-40

步骤 04 按 Enter 键确认，稍等片刻，即可看到 Midjourney 生成对应的午后男孩图片，如图 1-41 所示。

图 1-41

第2章 一语成画：用文心一格轻松绘画

学习提示

文心一格是一个非常有潜力的AI绘画平台，可以帮助用户实现更高效、更有创意的创作。本章主要介绍文心一格的注册方法和绘画技巧，帮助大家实现“一语成画”的目标。

本章重点导航

- 认识并注册文心一格
- 文心一格的AI绘画技巧

2.1 认识并注册文心一格

文心一格通过对人工智能技术的应用，为用户提供了一系列高效、具有创造力的AI创作工具和服务，让用户在艺术和创作方面能够更自由、更高效地实现自己的创意想法。本节主要介绍文心一格的注册与登录步骤以及充值电量的方法。

013 注册与登录文心一格平台

用户想要使用文心一格进行创作，首先就需要登录百度账号（没有账号的需要注册）。下面介绍注册与登录文心一格的操作步骤。

步骤 01 进入文心一格的官网首页，单击“登录”按钮，如图2-1所示。

图 2-1

步骤 02 执行操作后，进入百度的“用户名密码登录”页面，用户可以直接使用百度账号进行登录，也可以通过QQ、微博或微信账号登录，没有相关账号的用户可以单击“立即注册”链接，如图2-2所示。

图 2-2

步骤 03 执行操作后，进入百度的“欢迎注册”页面，如图 2-3 所示。只需输入相应的用户名、手机号、密码和验证码，并根据提示进行操作即可完成注册。

图 2-3

014 文心一格的“电量”充值

“电量”是文心一格平台为用户提供的数字化商品，用于兑换文心一格平台上的图片生成服务、指定公开画作下载服务，以及其他增值服务等。

步骤 01 登录文心一格平台后，在“首页”页面中单击⚡按钮，如图 2-4 所示。

图 2-4

步骤 02 执行操作后，进入充电页面，用户可以通过完成签到、画作分享等任务领取“电量”，也可以单击“充电”按钮，如图 2-5 所示。

图 2-5

步骤 03 执行操作后，弹出“为创作充电”对话框，如图 2-6 所示，选择相应的充值金额，单击“立即购买”按钮进行充值即可。

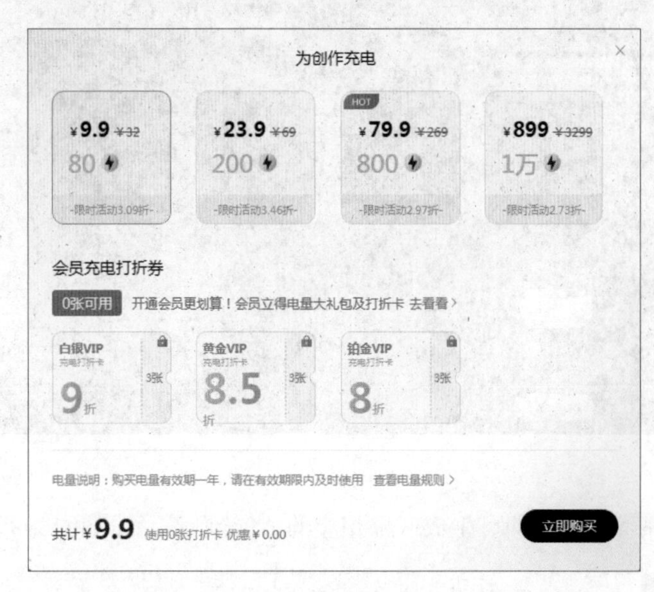

图 2-6

“电量”可用于文心一格平台提供的 AI 创作服务，当前支持选择“推荐”和“自定义”模式进行自由 AI 创作。创作失败的画作对应消耗的“电量”会退还到用户的账号，用户可以在“电量明细”页面中查看。

2.2 文心一格的 AI 绘画技巧

用户可以通过文心一格快速生成高质量的画作，支持自定义关键词、画面类型、图像比例、数量等参数，且生成的图像质量可以与人类创作的艺术品媲美。需要注意的是，即使是完全相同的关键词，文心一格每次生成的画作也会有差异。本节主要介绍文心一格的 AI 绘画技巧，帮助大家快速上手。

015 输入关键词快速作画

对于新手来说，可以直接使用文心一格的“推荐”AI 绘画模式，只需输入关键词（该平台也将其称为创意），即可让 AI 自动生成画作，具体操作步骤如下。

步骤 01 登录文心一格后，单击“立即创作”按钮，进入“AI 创作”页面，输入相应的关键词，单击“立即生成”按钮，如图 2-7 所示。

图 2-7

步骤 02 稍等片刻，即可生成一幅相应的 AI 绘画作品，如图 2-8 所示。

> **专家指点**
>
> 本实例中用到的关键词为“中国女孩，青丝披肩，梳着精致的花苞式发髻。身着一袭轻盈的白色纱裙，优雅中透露出少女的清新和纯美。背景是一个古色古香的庭院，绿树成荫，微风拂面”。

图 2-8

016 更改 AI 作品的画面类型

文心一格的画面类型非常多，包括“智能推荐”“艺术联想”“唯美二次元”“中国风”“概念插画”“梵高”“超现实主义”“插画”“像素艺术”“炫彩插画”等。下面介绍更改画面类型的操作步骤。

步骤 01 进入“AI 创作”页面，输入相应的关键词，在“画面类型”选项区中单击“更多”按钮，如图 2-9 所示。

步骤 02 执行操作后，即可展开“画面类型”选项区，在其中选择“唯美二次元”选项，如图 2-10 所示。

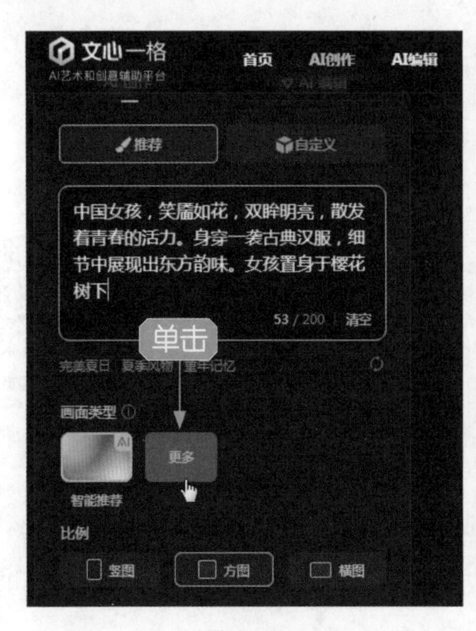

图 2-9

图 2-10

专家指点

"唯美二次元"的特点是画面中充满了色彩斑斓、细腻柔和的线条，表现出梦幻、浪漫的情感氛围，让人感到轻松愉悦，常见于动漫、游戏、插画等领域。

步骤 03 单击"立即生成"按钮，即可生成一幅"唯美二次元"类型的 AI 绘画作品，效果如图 2-11 所示。

图 2-11

专家指点

本实例中用到的关键词为"中国女孩，笑靥如花，双眸明亮，散发着青春的活力。身穿一袭古典汉服，细节中展现出东方韵味。女孩置身于樱花树下"。

017 设置生成作品的比例和数量

除了可以设置画面类型，文心一格还可以设置图像的比例（竖图、方图和横图）和数量（最多 9 张），具体操作步骤如下。

步骤 01 进入"AI 创作"页面，输入相应的关键词，设置"比例"为"方图"，"数量"为 2，如图 2-12 所示。

步骤 02 单击"立即生成"按钮，生成两幅 AI 绘画作品，效果如图 2-13 所示。

步骤 03 选择任意一张图片并将其放大，单击右侧的"下载"按钮，如图 2-14 所示，即可将图片保存。

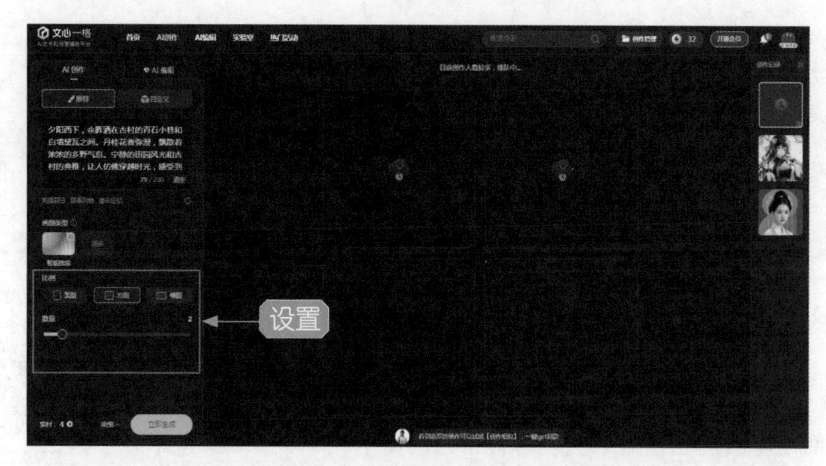

图 2-12

图 2-13

图 2-14

专家指点

本实例中用到的关键词为“夕阳西下，余晖洒在古村的青石小巷和白墙黛瓦之间。丹桂花香弥漫，飘散着浓浓的乡野气息。宁静的田园风光和古村的典雅，让人仿佛穿越时光，感受到久远的历史和恬淡的生活”。

018 使用自定义 AI 绘画模式

使用文心一格的“自定义”AI 绘画模式，用户可以设置更多的关键词，从而使生成的图片效果更加符合自己的需求，具体操作步骤如下。

步骤 01 进入“AI 创作”页面，切换至“自定义”选项卡，输入相应的关键词，设置“选择 AI 画师”为“二次元”、“尺寸”为 9 ： 16，如图 2-15 所示。

步骤 02 在下方继续设置“画面风格”为“二次元”、“修饰词”为“cg 渲染”、“不希望出现的内容”为“人物腿部”，如图 2-16 所示，并根据需要调整数量为 1。

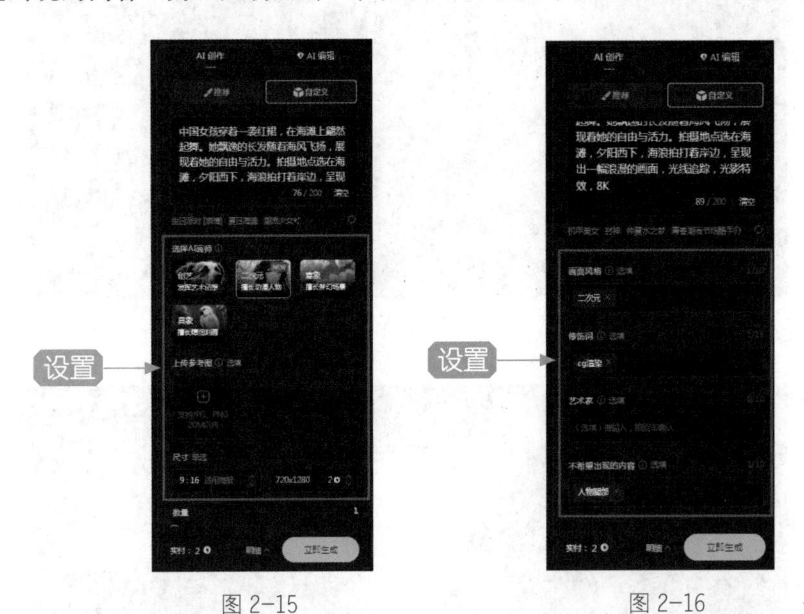

图 2-15　　图 2-16

专家指点

本实例中用到的关键词为“中国女孩穿着一袭红裙，在海滩上翩然起舞。她飘逸的长发随着海风飞扬，展现着她的自由与活力。拍摄地点选在海滩，夕阳西下，海浪拍打着岸边，呈现出一幅浪漫的画面，光线追踪，光影特效，8K”。

步骤 03 单击“立即生成”按钮，即可生成自定义的 AI 绘画作品，效果如图 2-17 所示。

图 2-17

019 上传参考图实现以图生图

使用文心一格的“上传参考图”功能，用户可以上传任意一张图片，通过文字描述想修改的地方，实现以图生图的效果，具体操作步骤如下。

步骤 01 在“AI 创作”页面的“自定义”选项卡中，输入相应关键词，设置“选择 AI 画师”为“二次元”，单击“上传参考图”下方的![]按钮，如图 2-18 所示。

步骤 02 执行操作后，弹出“打开”对话框，选择相应的参考图，如图 2-19 所示。

图 2-18

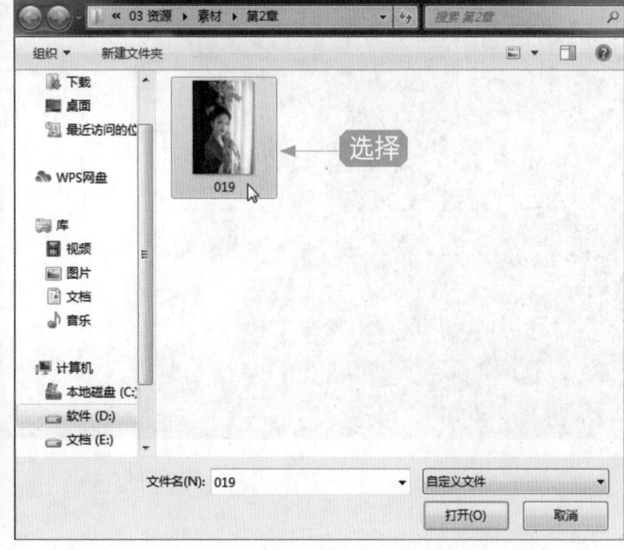

图 2-19

步骤 03 单击“打开”按钮上传参考图，并设置“影响比重”为 6，该数值越大，对参考图的影响就越大，如图 2-20 所示。

步骤 04 设置“数量”为 1，单击“立即生成”按钮，如图 2-21 所示。

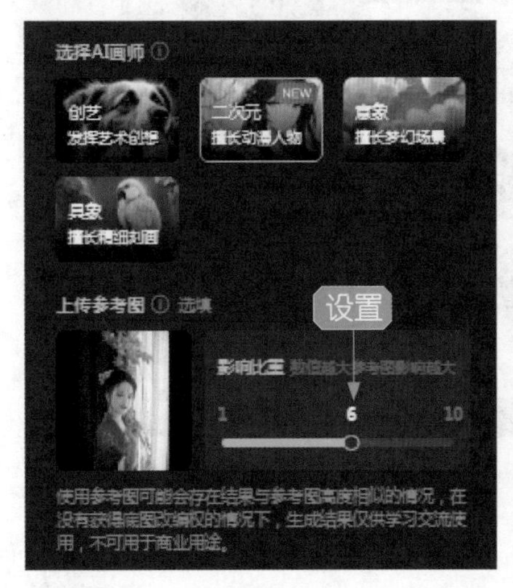

图 2-20

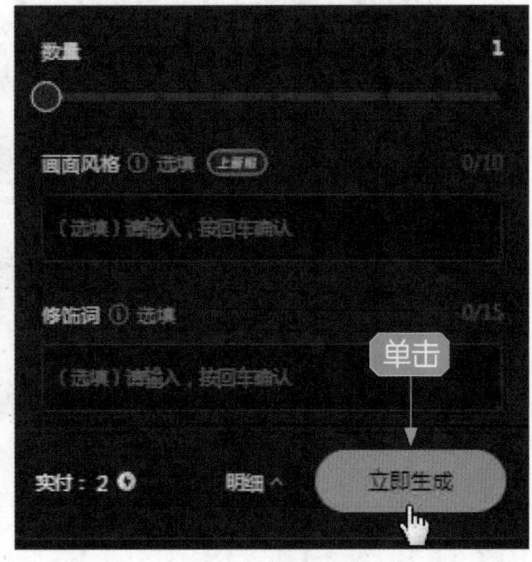

图 2-21

步骤 05 执行操作后，即可根据参考图生成自定义的 AI 绘画作品，效果如图 2-22 所示。

图 2-22

步骤 06 单击右侧的“下载”按钮，如图 2-23 所示，即可将图片保存。

图 2-23

第3章 构图指令：快速提升 AI 照片美感

学习提示

构图是传统摄影创作中不可或缺的部分，主要通过有意识地安排画面中的视觉元素来增强照片的感染力和吸引力，在 AI 摄影中使用正确的构图关键词，可以协助 AI 模型生成更富有表现力的照片。

本章重点导航

- 常见的构图视角
- 基础构图法则
- 其他构图法则
- 常用的镜头景别

3.1 常见的构图视角

在 AI 摄影中，构图视角是指镜头位置和主体的拍摄角度，通过合适的构图视角控制，可以增强画面的吸引力和表现力，为照片带来最佳的观赏效果。

本节主要介绍几种控制 AI 摄影构图视角的关键词，以帮助大家生成不同视角的照片。

020 正面与背面视角

扫码观看教学视频

在日常拍摄过程中，正面与背面视角是常见的构图视角，能够展示主体的大部分区域和形态特点。

正面视角（front view）也称为正视图，是指将主体对象置于镜头前方，让其正面朝向观众。也就是说，这种构图方式的拍摄角度与被摄主体平行，并且尽量以主体正面为主要展现区域，效果如图 3-1 所示。

图 3-1

在 AI 摄影中，使用关键词 front view 可以呈现被摄主体最清晰、最直接的形态，表达出来的内容和情感相对真实而有力，很多人喜欢使用这种方式刻画人物的神情、姿态等，或呈现产品的外观形态，以达到更亲近人心的效果。

背面视角（back view）也称为后视图，是指将镜头置于主体对象后方，从其背后拍摄的一种构图方式，适用于强调被摄主体的背面形态和场景，效果如图 3-2 所示。

图 3-2

在 AI 摄影中，使用关键词 back view 可以突出被摄主体的背面轮廓和形态，并能够展示不同的视觉效果，营造神秘、悬疑或引人遐想的氛围感。

021 侧面与斜侧面视角

除了常见的正面视角与背面视角，用户还可以通过侧面与斜侧面视角生成多样的 AI 摄影作品。

侧面视角分为右侧视角（right side view）和左侧视角（left side view）两种角度。

右侧视角是指将镜头置于主体对象的右侧，强调右侧的信息和特征，或突出右侧轮廓中有特殊含义的场景，效果如图 3-3 所示。

在 AI 摄影中，使用关键词 right side view 可以强调主体右侧的细节或整体效果，形成视觉上的对比和平衡，增强照片的艺术感和吸引力。

左侧视角是指将镜头置于主体对象的左侧，常用于展现人物的神态和姿态，或突出左侧轮廓中有特殊含义的场景，效果如图 3-4 所示。

图 3-3

图 3-4

在AI摄影中，使用关键词 left side view，可以刻画出被拍摄主体左侧的样貌、形态特点或意境，并能够表达出某种特殊的情绪、性格和感觉，或者给观众带来一种开阔、自然的视觉感受。

斜侧面视角是指从一个物体或场景的斜侧方向进行拍摄的角度，它与直接正面或俯视视角相比，能够呈现不同的视觉冲击力。斜侧面视角可以给照片带来一种动态感，并增强主体的立体感和层次感，效果如图 3-5 所示。

图 3-5

斜侧面视角的关键词有 45° shooting（45 度角拍摄）、0.75 left view（3/4 左侧视角）、0.75 left back view（3/4 左后侧视角）、0.75 right view（3/4 右侧视角）。

3.2 基础构图法则

构图是指在摄影创作中，通过调整视角、摆放被摄对象和控制画面元素等复合技术手段塑造画面效果的艺术表现形式。本节将介绍 3 种基础的构图法则。

022 前景构图法则

前景构图（foreground）是指通过前景元素强化主体的视觉效果，以产生一种具有视觉冲击力和艺术感的画面效果，如图 3-6 所示。

图 3-6

前景通常是指相对靠近镜头的物体，背景（background）则是指位于主体后方且远离镜头的物体或环境。

在 AI 摄影中，使用关键词 foreground 可以丰富画面色彩和层次感，并且能够增加照片的丰富度，让画面变得更生动、有趣。在某些情况下，foreground 还可以用来引导视线，更好地吸引观众目光。

023 对称构图法则

对称构图（symmetry/mirrored）是指将被摄对象平分成两个或多个相等的部分，在画面中形成左右对称、上下对称或者对角线对称等不同形式，从而产生一种平衡和富有美感的画面效果，如图 3-7 所示。

图 3-7

在 AI 摄影中，使用关键词 symmetry 可以创造一种冷静、稳重、平衡和具有美学价值的对称视觉效果，往往会给人们带来视觉上的舒适感和认可感，并强化他们对画面主体的印象和关注度。

024 框架构图法则

框架构图（framing）是指通过在画面中增加一个或多个“边框”，将主体对象锁定在画面中，可以更好地表现画面的魅力，并营造富有层次感、优美而出众的视觉效果，如图 3-8 所示。

图 3-8

在 AI 摄影中，关键词 framing 可以结合多种“边框”共同使用，如树枝、山体、花草等物体自然形成的“边框”，或者窄小的通道、建筑物、窗户、阳台、桥洞、隧道等人工制造出来的“边框”。

3.3 其他构图法则

在 AI 摄影中，通过运用各种构图关键词，可以让主体对象呈现最佳的视觉表达效果，进而营造所需的气氛和风格。在掌握 3 种基础的构图法则后，本节将介绍其他几种常见和创意型的构图法则。

025 3 种常见的构图法则

摄影师在拍摄作品时，会针对不同的拍摄物体，运用多种构图法则，以提升作品的质感。运用不同的构图关键词，也可以生成多种 AI 摄影作品，下面介绍 3 种常见的构图法则。

微距构图（macro shot）是一种专门用于拍摄微小物体的构图方式，主要目的是尽可能地展现主体的细节和纹理，以及赋予其更大的视觉冲击力，适用于花卉、小动物、美食或者生活中的小物品等类型的照片，效果如图 3-9 所示。

图 3-9

在 AI 摄影中，使用关键词 macro shot 可以大幅度地放大展现非常小的主体细节和特征，包括纹理、线条、颜色、形状等，从而创造一个独特且让人惊艳的视觉空间，更好地表现画面主体的神秘感、精致感和美感。

中心构图（center the composition）是指将主体对象放置于画面的正中央，使其尽可能地处于画面的对称轴上，从而让主体在画面中显得非常突出和集中，效果如图 3-10 所示。

图 3-10

在 AI 摄影中，使用关键词 center the composition 可以突出主体的形象和特征，适用于花卉、鸟类、宠物和人像等类型的照片。

消失点构图（vanishing point composition）是指通过将画面中所有线条或物体的近端都向一个共同的点汇聚出去，这个点就称为消失点，可以表现出空间深度和高低错落的感觉，效果如图 3-11 所示。

图 3-11

在 AI 摄影中，使用关键词 vanishing point composition 能够增强画面的立体感，并通过塑造画面空间提升视觉冲击力，适用于制作城市风光、建筑、道路、铁路、桥梁、隧道等类型的照片。

026 4 种创意构图法则

摄影师有时会针对当下流行的摄影作品，采用更具有创意的构图方式，使作品更有自己的独特风格。下面介绍引导线、对角线、三分法、斜线 4 种创意构图法则。

引导线构图（leading lines）是指利用画面中的直线或曲线等元素引导观众的视线，从而使画面在视觉上更为有趣、形象和富有表现力，效果如图 3-12 所示。

图 3-12

在 AI 摄影中，关键词 leading lines 需要与照片场景中的道路、建筑、云朵、河流、桥梁等元素结合使用，从而巧妙地引导观众的视线，使其逐渐从画面的一端移动到另一端，并最终停留在主体上或者浏览完整张照片。

对角线构图（diagonal composition）是指利用物体、形状或线条的对角线划分画面，并使画面具有更强的动感和层次感，效果如图 3-13 所示。

在 AI 摄影中，使用关键词 diagonal composition 可以将主体或关键元素沿着对角线放置，从而使画面在视觉上产生一种意想不到的张力，吸引人们的注意力。

图 3-13

三分法构图（rule of thirds）又称为三分线构图（three line composition），是指将画面从横向或竖向平均分割成三部分，并将主体或重点位置放置在这些划分线或交点上，从而有效提升照片的平衡感并突出主体，效果如图 3-14 所示。

图 3-14

在 AI 摄影中，使用关键词 rule of thirds 可以将画面主体平衡地放置在相应的位置，实现视觉张力的均衡分配，从而更好地传达画面的主题和情感。

斜线构图（oblique line composition）是一种利用对角线或斜线组织画面元素的构图技巧，通过将线条倾斜放置在画面中，可以带来独特的视觉效果，并显得更有动感，效果如图 3-15 所示。

图 3-15

在 AI 摄影中，使用关键词 oblique line composition 可以在画面中创造一种自然流畅的视觉导引，让观众的目光沿着线条的方向移动，从而引起观众对画面中特定区域的注意。

3.4 常用的镜头景别

摄影中的镜头景别通常是指主体对象与镜头的距离，表现出来的效果就是主体在画面中的大小，如远景、全景、中景、近景、特写等。

在 AI 摄影中，合理地使用镜头景别关键词可以实现更好的画面表达效果。本节将介绍 5 种常用的镜头景别，帮助大家表达出想要呈现的主题和意境。

027 远景

远景（wide angle）又称广角视野（ultra wide shot），是指以较远的距离拍摄某个场景或大环境，可呈现广阔的视野和大范围的画面效果，如图 3-16 所示。

图 3-16

在 AI 摄影中，使用关键词 wide angle 能够将人物、建筑或其他元素与周围环境相融合，突出场景的宏伟壮观和自然风貌。另外，wide angle 还可以表现人与环境之间的关系，起到烘托氛围和衬托主体的作用，使整个画面更富有层次感。

028 全景

全景（full shot）是指将整个主体对象完整地展现于画面中，可以使观众更好地了解主体的形态、外貌和特点，并进一步感受主体的气质与风貌，效果如图 3-17 所示。

图 3-17

图 3-17（续）

在 AI 摄影中，使用关键词 full shot 可以更好地表达被摄主体的自然状态、姿态和大小，将其完整地呈现出来。同时，full shot 还可以作为补充元素，用于烘托氛围并强化主题，从而更加生动、具体地把握主体对象的情感和心理变化。

029 中景

中景（medium shot）是指将人物主体的上半身（通常为膝盖以上）呈现在画面中，展示出一定程度的背景环境，同时能够使主体更加突出，效果如图 3-18 所示。

图 3-18

中景景别的特点是以表现某一事物的主要部分为中心，常常以动作情节取胜，环境表现则被降到次要地位。

在 AI 摄影中，使用关键词 medium shot 可以将主体完全填充于画面中，使观众更容易与主体产生共鸣，同时可以创造更加真实、自然且具有文艺性的画面效果，为照片注入生命力。

030 近景

扫码观看教学视频

近景（medium close up）是指将人物主体的头部和肩部（通常为胸部以上）完整地展现于画面中，能够突出人物的面部表情和细节特点，效果如图 3-19 所示。

图 3-19

在 AI 摄影中，使用关键词 medium close up 能够很好地表现人物主体的情感细节，具体作用体现在以下两个方面。

首先，近景可以突出人物面部的细节特点，如表情、眼神等，进一步反映人物的内心世界和情感状态。

其次，近景还可以为观众提供更丰富的信息，帮助他们更准确地了解主体所处的场景和具体环境。

031 特写

特写（close up）是指将主体对象的某个部位或细节放大呈现于画

面中，强调其重要性和细节特点，如人物的头部，效果如图 3-20 所示。

图 3-20

在 AI 摄影中，使用关键词 close up 可以将观众的视线集中到主体对象的某个部位上，加强对特定元素的表达效果，并且让观众产生强烈的视觉感受和情感共鸣。

第4章 光线色调指令：获得最佳的影调效果

学习提示

光线与色调都是摄影中非常重要的元素，它们可以呈现强大的视觉吸引力和情感表达效果，传达作者想要表达的主题和情感。在AI摄影中使用正确的光线与色调关键词，可以协助AI模型生成更有表现力的照片。

本章重点导航

- AI摄影的光线类型
- AI摄影的特殊光线
- AI摄影的流行色调

4.1 AI 摄影的光线类型

在 AI 摄影中，合理地加入一些光线关键词，可以创造不同的画面效果和氛围感，如阴影、明暗、立体感等。通过加入光源角度、强度等关键词，可以对画面主体进行突出或柔化处理，调整场景氛围，增强画面表现力，从而深化 AI 照片的内容。本节主要介绍 6 种 AI 摄影常用的光线类型。

032 顺光

扫码观看教学视频

顺光（front lighting）指的是主体被光线直接照射的情况，也就是拍摄主体面朝光源的方向。在 AI 摄影中，使用关键词 front lighting 可以让主体看起来更加明亮、生动，轮廓线更加分明，具有立体感，能够把主体和背景隔离开，增强画面的层次感，效果如图 4-1 所示。

图 4-1

此外，顺光还可以营造一种充满活力和温暖的氛围。需要注意的是，如果阳光过于强烈或者角度有误，也可能会导致照片出现过曝或者阴影严重等问题，当然用户也可以在后期使用 Photoshop 对照片光影进行优化处理。

033 侧光

侧光（raking light）是指从侧面斜射的光线，通常用于强调主体对象的纹理和形态。在 AI 摄影中，使用关键词 raking light 可以突出主体对象的表面细节和立体感，在强调细节的同时也会加强色彩的对比度和明暗反差效果。

另外，对于人像类 AI 摄影作品来说，关键词 raking light 能够强化人物的面部轮廓，让人物的五官更加立体，塑造出独特的气质和形象，效果如图 4-2 所示。

图 4-2

034 逆光

逆光（back light）是指从主体的后方照射过来的光线，在摄影中也称为背光。

在 AI 摄影中，使用关键词 back light 可以营造强烈的视觉层次感和立体感，让物体轮廓更加分明、清晰，在生成人像类和风景类的照片时效果非常好。

特别是在用 AI 模型绘制夕阳、日出、落日和水上反射等场景时，back light 能够产生剪影和色彩渐变，给照片带来极具艺术性的画面效果，如图 4-3 所示。

图 4-3

035 顶光

顶光（top light）是指从主体的上方垂直照射下来的光线，能让主体的投影垂直显示在下面。关键词 top light 非常适合生成食品和饮料等类型的 AI 摄影作品，能够增加视觉诱惑力，效果如图 4-4 所示。

图 4-4

036 边缘光

边缘光（edge light）是指从主体的侧面或者背面照射过来的光线，通常用于强调主体的形状和轮廓。

在 AI 摄影中，使用关键词 edge light 可以突出目标物体的形态和立体感，非常适用于生成人像和静物等类型的 AI 摄影作品，效果如图 4-5 所示。

图 4-5

边缘光能够自然地定义主体和背景之间的边界，并增加画面的对比度，提升视觉效果。

专家指点

需要注意的是，边缘光在强调主体轮廓的同时也会产生一定程度的剪影效果，因此需要注意对光源角度的控制，避免光斑与阴影出现不协调的情况。

037 轮廓光

扫码观看教学视频

轮廓光（contour light）是指可以勾勒出主体轮廓线条的侧光或逆光，能够产生强烈的视觉张力和层次感，提升视觉效果。

在 AI 摄影中，使用关键词 contour light 可以使主体更清晰、生动，增强照片的整体观赏效果，使其更加吸引观众的注意力，效果如图 4-6 所示。

图 4-6

4.2 AI 摄影的特殊光线

光线对于 AI 摄影来说非常重要，它能够营造非常自然的氛围感和光影效果，突出照片的主题特点，同时能够掩盖不足之处。因此，我们要掌握各种特殊光线关键词的用法，从而有效提升 AI 摄影作品的质量和艺术价值。

本节将介绍几种特殊的 AI 摄影光线关键词的用法，希望对大家创作出更好的作品有所帮助。

038 5 种常用的特殊光线

特殊光线是指通常需要摄影师通过反光板、打光灯等工具进行控制的人工打造的光线，一般用于商业摄影场合，包括冷光、暖光、柔光、晨光和亮光 5 种常见的特殊光线。

冷光（cold light）是指色温较高的光线，通常呈现蓝色、白色等冷色调。在 AI 摄影中，使用关键词 cold light 可以营造寒冷、清新、高科技的画面感，并且能够突出主体对象的纹理和细节。

例如，在使用 AI 模型生成人像照片时，通过添加关键词 cold light 可以赋予人物青春活力和时尚感，效果如图 4-7 所示。同时，该照片还使用了 in the style of soft（风格柔和）、light white and light blue（浅白色和浅蓝色）等关键词增强冷光效果。

图 4-7

暖光（warm light）是指色温较低的光线，通常呈现黄、橙、红等暖色调。例如，在使用 AI 模型生成美食照片时，通过添加关键词 warm light 可以让食物的色彩变得更加诱人，效果如图 4-8 所示。

图 4-8

在 AI 摄影中，使用关键词 warm light 可以营造温馨、舒适、浪漫的画面感，并且能够突出主体对象的色彩和质感。

柔光（soft light）是指柔和、温暖的光线，是一种低对比度的光线类型。在 AI 摄影中，用户可以使用关键词 soft light 让图片产生自然、柔美的光影效果，渲染出照片主题的情感和氛围。

例如，在使用 AI 模型生成人像照片时，通过添加关键词 soft light 可以营造温暖、舒适的氛围感，并弱化人物的皮肤、毛孔、纹理等小缺陷，使人像显得更加柔和、美好，效果如图 4-9 所示。

图 4-9

晨光（morning light）是指早晨日出时的光线，具有柔和、温暖、光影丰富的特点，可以产生非常独特和美妙的画面效果，如图 4-10 所示。

图 4-10

在 AI 摄影中，使用关键词 morning light 可以呈现柔和的阴影和丰富的色彩变化，而不会产生太多硬直的阴影，常用于生成人像、风景等类型的照片。morning light 不会让人有光线强烈和刺眼的感觉，能够让主体对象看起来更加自然、清晰、有层次感，也更加容易表现照片主题的情绪和氛围。

亮光（bright top light）是指明亮的光线，该关键词能够营造强烈的光线效果，可以产生硬朗、直接的下落式阴影，效果如图 4-11 所示。

图 4-11

039 5 种专业的特殊光线

除了前文提到的 5 种常用的特殊光线，摄影师还会根据特定的场景，采用一些专业的特殊光线，通常用于影视剧的拍摄，如太阳光、黄金时段光、立体光、赛博朋克光和戏剧光，在生成 AI 摄影作品时，用户也可以使用这些光线关键词。

太阳光（sun light）是指来自太阳的自然光线，在摄影中也常被称为自然光（natural light）或日光（daylight）。

在 AI 摄影中，使用关键词 sun light 可以给主体带来非常强烈、明亮的光线效果，同时能够产生鲜明、生动、舒适、真实的色彩和阴影效果，如图 4-12 所示。

图 4-12

赛博朋克光（cyberpunk light）是一种特定的光线类型，通常用于电影画面、摄影作品和艺术作品中，以呈现明显的未来主义和科幻元素等风格。

在 AI 摄影中，可以运用关键词 cyberpunk light 呈现高对比度、鲜艳的颜色和各种几何形状，从而增加照片的视觉冲击力和表现力，效果如图 4-13 所示。

专家指点

cyberpunk 一词源于 cybernetics（控制论）和 punk（朋克摇滚乐），两者结合表达了一种非正统的科技文化形态。如今，赛博朋克已经成为一种独特的文化流派，主张探索人类与科技之间的冲突，为人们提供了一种思想启示。

图 4-13

黄金时段光（golden hour light）是指在日出或日落前后一小时内的特殊阳光照射状态，也称为“金色时刻”，其间的阳光具有柔和、温暖且呈金黄色的特点。

在 AI 摄影中，使用关键词 golden hour light 能够反射更多的金黄色和橙色的温暖色调，让主体对象看起来更加立体、自然和舒适，层次感也更加丰富，效果如图 4-14 所示。

图 4-14

立体光（volumetric light）是指穿过一定密度的物质（如尘埃、树叶、烟雾等）而形成的有体积感的光线。在 AI 摄影中，立体光的其他关键词还有丁达尔效应（tyndall effect）、耶稣光（jesus light）、神射线（god rays）、上帝光（god's light），使用这些关键词可以营造强烈的光影立体感，效果如图 4-15 所示。

图 4-15

戏剧光（dramatic light）是一种营造戏剧化场景的光线类型，通常用于电影、电视剧和照片等艺术作品，用来表现明显的戏剧效果和张力感。

在 AI 摄影中，使用关键词 dramatic light 可以使主体对象获得更加突出的效果，并且能够彰显主体的独特性与形象的感知性，效果如图 4-16 所示。dramatic light 通常会使用深色、阴影以及高对比度的光影效果创造强烈的情感冲击力。

图 4-16

4.3 AI 摄影的流行色调

色调是指整个照片的颜色、亮度和对比度的组合，它是照片在后期处理中通过各种软件进行的色彩调整，从而使不同的颜色呈现特定的效果和氛围感。

在 AI 摄影中，运用色调关键词可以改变照片的情绪和气氛，增强照片的表现力和感染力。因此，用户可以通过运用不同的色调关键词加强或抑制不同颜色的饱和度和明度，以便更好地传达照片的主题思想和主体特征。

040 亮丽橙色调

亮丽橙色调（bright orange）是一种明亮、高饱和度的色调。在 AI 摄影中，使用关键词 bright orange 可以营造充满活力、兴奋和温暖的氛围感，常常用于强调画面中的特定区域或主体等元素。

亮丽橙色调常用于生成户外场景、阳光明媚的日落或日出、运动比赛等 AI 摄影作品，在这些场景中会有大量金黄色的元素，因此加入关键词 bright orange 会增加照片的立体感，并凸显画面瞬间的情感张力，效果如图 4-17 所示。

图 4-17

但是，使用 bright orange 这样的颜色需要尽量控制其饱和度，以避免画面颜色刺眼或浮夸，影响照片的整体效果。

041 自然绿色调

扫码观看教学视频

自然绿色调（natural green）具有柔和、温馨等特点，在 AI 摄影中使用该关键词可以营造大自然的感觉，令人联想到青草、森林或童年，常用于生成自然风光或环境人像等 AI 摄影作品，效果如图 4-18 所示。

图 4-18

042 稳重蓝色调

稳重蓝色调（steady blue）可以营造刚毅、坚定和高雅等视觉感受，适用于生成城市建筑、街道、科技场景等 AI 摄影作品。

在 AI 摄影中，使用关键词 steady blue 能够突出画面中的大型建筑、桥梁和城市景观，使画面看起来更加稳重和成熟，同时能够营造高雅、精致的气质，从而使照片更具美感和艺术性，效果如图 4-19 所示。

图 4-19

专家指点

如果用户需要强调照片的某个特点（如构图、色调等），可以多添加相关的关键词来重复描述，让 AI 模型在绘画时能够进一步突出这个特点。例如，在图 4-19 中，不仅添加了关键词 steady blue，而且使用了关键词 blue and white glaze（蓝白釉），通过蓝色与白色的相互衬托，能够让照片更具吸引力。

043 糖果色调

糖果色调（candy tone）是一种鲜艳、明亮的色调，常用于营造轻松、欢快和甜美的氛围感。糖果色调主要是通过增加画面的饱和度和亮度，同时减少曝光度来达到柔和的画面效果，通常会给人一种青春跃动和甜美可爱的感觉。

在 AI 摄影中，关键词 candy tone 非常适合生成建筑、街景、儿童、食品、花卉等类型的照片。例如，在生成街景照片时，添加关键词 candy tone 能够给人一种童话世界般的感觉，色彩丰富而不刺眼，效果如图 4-20 所示。

图 4-20

044 枫叶红色调

枫叶红色调（maple red）是一种富有高级感和独特性的暖色调，通常应用于营造温暖、温馨、浪漫和优雅的氛围感。在 AI 摄影中，使用关键词 maple red 可以使画面充满活力与情感，适用于生成风景、

肖像、建筑等类型的照片。

关键词 maple red 能够强化画面中红色元素的视觉冲击力，能够表现复古、温暖、甜美的氛围感，从而赋予 AI 摄影作品一种特殊的情感，效果如图 4-21 所示。

图 4-21

045 霓虹色调

霓虹色调（neon shades）是一种非常亮丽和夸张的色调，尤其适用于生成城市建筑、潮流人像、音乐表演等类型的 AI 摄影作品。关键词 neon shades 在 AI 摄影中常用于营造时尚、前卫和奇特的氛围感，使画面极富视觉冲击力，从而给人留下深刻的印象，效果如图 4-22 所示。

图 4-22

第5章 风格渲染指令：生成特色鲜明的 AI 照片

学习提示

AI 摄影中的艺术风格是指用户在通过 AI 绘画工具生成照片时，所表现出来的美学风格和个人创造性，它通常涵盖了构图、光线、色彩、题材、处理技巧等多种因素，以体现作品的独特视觉语言和作者的审美追求。

本章重点导航

- AI 摄影的艺术风格
- AI 摄影的渲染品质

5.1 AI 摄影的艺术风格

艺术风格是指 AI 摄影作品中呈现的独特、个性化的风格和审美表达方式，反映了作者对画面的理解、感知和表达。本节主要介绍 6 类 AI 摄影艺术风格，以帮助大家更好地塑造自己的审美观，并提升照片的品质和表现力。

046 抽象主义风格

扫码观看教学视频

抽象主义（abstractionism）是一种以形式、色彩为重点的摄影艺术风格，通过结合主体对象和环境中的构成、纹理、线条等元素进行创作，将原来真实的景象转化为抽象的图像，传达一种突破传统审美习惯的审美挑战，效果如图 5-1 所示。

图 5-1

在 AI 摄影中，抽象主义风格的关键词包括鲜艳的色彩（vibrant colors）、几何形状（geometric shapes）、抽象图案（abstract patterns）、运动和流动（motion and flow）、纹理和层次（texture and layering）。

047 纪实主义风格

纪实主义（documentarianism）是一种致力于展现真实生活、真实情感和真实经验的摄影艺术风格，它更加注重如实地描绘大自然和反映现实生活，探索被摄对象所处时代、社会、文化背景下的意义与价值，

呈现人们亲身体验并能够产生共鸣的生活场景和情感状态，效果如图 5-2 所示。

图 5-2

在 AI 摄影中，纪实主义风格的关键词包括真实生活（real life）、自然光线与真实场景（natural light and real scenes）、超逼真的纹理（hyper-realistic texture）、精确的细节（precise details）、逼真的静物（realistic still life）、逼真的肖像（realistic portrait）、逼真的风景（realistic landscape）。

048 超现实主义风格

超现实主义（surrealism）是指一种挑战常规的摄影艺术风格，追求超越现实，呈现理性和逻辑之外的景象和感受，效果如图 5-3 所示。超现实主义风格倡导通过摄影手段表达非显而易见的想象和情感，强调表现作者的心灵世界和审美态度。

图 5-3

在 AI 摄影中，超现实主义风格的关键词包括梦幻般的（dreamlike）、超现实的风景（surreal landscape）、神秘的生物（mysterious creatures）、扭曲的现实（distorted reality）、超现实的静态物体（surreal still objects）。

专家指点

超现实主义风格不拘泥于客观存在的对象和形式，而是试图反映人物的内在感受和情绪状态，这类 AI 摄影作品能够为观众带来前所未有的视觉冲击力。

049 极简主义风格

极简主义（minimalism）是一种强调简洁、减少冗余元素的摄影艺术风格，旨在通过精简的形式和结构表现事物的本质和内在联系，在视觉上追求简约、干净和平静，让画面更加简洁而具有力量感，效果如图 5-4 所示。

图 5-4

在 AI 摄影中，极简主义风格的关键词包括简单（simple）、简洁的线条（clean lines）、极简色彩（minimalist colors）、负空间（negative space）、极简静物（minimal still life）。

050 印象主义风格

扫码观看教学视频

印象主义（impressionism）是一种强调情感表达和氛围感受的摄影艺术风格，通常选择柔和、温暖的色彩和光线，在构图时注重景深和镜头虚化等视觉效果，以创造柔和、流动的画面感，从而传递给观众特定的氛围和情绪，效果如图 5-5 所示。

图 5-5

在 AI 摄影中，印象主义风格的关键词包括模糊的笔触（blurred strokes）、彩绘光（painted light）、印象派风景（impressionist landscape）、柔和的色彩（soft colors）、印象派肖像（impressionist portrait）。

051 街头摄影风格

街头摄影（street photography）是一种强调对社会生活和人文关怀的表达的摄影艺术风格，尤其侧重于捕捉那些日常生活中容易被忽视的人和事，效果如图 5-6 所示。街头摄影风格非常注重对现场光线、色彩和构图等元素的把握，追求真实的场景记录和情感表现。

图 5-6

在 AI 摄影中，街头摄影风格的关键词包括城市风景（urban landscape）、街头生活（street life）、动态故事（dynamic stories）、街头肖像（street portraits）、高速快门（high-speed shutter）、扫街抓拍（street Sweeping Snap）。

5.2 AI 摄影的渲染品质

如今，随着单反摄影、手机摄影的普及，以及社交媒体的发展，人们在日常生活中越来越注重照片的渲染品质，这对于传统的后期处理技术提出了更高的挑战，同时推动了摄影技术的不断创新和进步。

渲染品质通常指的是照片呈现的某种效果，包括清晰度、颜色还原、对比度和阴影细节等，其主要目的是使照片看上去更加真实、生动、自然。在 AI 摄影中，我们也可以使用一些关键词增强照片的渲染品质，进而提升 AI 摄影作品的艺术感和专业感。

052 摄影感

关键词摄影感（photography）在 AI 摄影中非常重要，它通过捕捉静止或运动的物体以及自然景观等表现形式，并通过模拟合适的光圈、快门速度、感光度等相机参数控制 AI 模型的出图效果，如光影、清晰度和景深等。

图 5-7 所示为添加关键词 photography 生成的照片效果，照片中的亮部和暗部都能保持丰富的细节，并营造强烈的光影效果。

图 5-7

053 C4D 渲染器

关键词 C4D 渲染器（C4D Renderer）能够帮助用户创造非常逼真的 CGI（computer-generated imagery，计算机绘图）场景和角色，效果如图 5-8 所示。

图 5-8

C4D Renderer 指的是 Cinema 4D 软件的渲染引擎，它是一种拥有多个渲染方式的三维图形制作软件，包括物理渲染、标准渲染以及快速渲染等方式。在 AI 摄影中使用关键词 C4D Renderer，可以创建非常逼真的三维模型、纹理和场景，并对其进行定向光照、阴影、反射等效果的处理，从而打造各种令人震撼的视觉效果。

054 虚幻引擎

关键词虚幻引擎（Unreal Engine）主要用于制作虚拟场景，可以让画面呈现惊人的真实感，效果如图 5-9 所示。

图 5-9

Unreal Engine 是由 Epic Games 团队开发的虚幻引擎，它能够创建高品质的三维图像和交互体验，并为游戏、影视和建筑等领域提供了强大的实时渲染解决方案。在 AI 摄影中，使用关键词 Unreal Engine 可以在虚拟环境中创建各种场景和角色，从而实现高度还原真实世界的画面效果。

扫码观看教学视频

055 真实感

真实感渲染器（Quixel Megascans Render），该关键词可以突出三维场景的真实感，并添加各种细节元素，如地面、岩石、草木、道路、水体、服装等。Quixel Megascans Render 可以提升 AI 摄影作品的真实感和艺术性，效果如图 5-10 所示。

图 5-10

Quixel Megascans 是一个丰富的虚拟素材库，其中的材质、模型、纹理等资源非常逼真，能够帮助用户开发更具个性化的作品。

056 光线追踪

扫码观看教学视频

光线追踪（Ray Tracing），该关键词主要用于实现高质量的图像渲染和光影效果，能够让 AI 摄影作品的场景更逼真，材质细节表现更好，从而使画面更加优美、自然，效果如图 5-11 所示。

图 5-11

Ray Tracing 是一种基于计算机图形学的渲染引擎，它可以在渲染场景的时候更为准确地模拟光线与物体之间的相互作用，从而创建更逼真的影像效果。

057 V-Ray 渲染器

V-Ray 渲染器（V-Ray Renderer），该关键词可以在 AI 摄影中帮助用户实现高质量的图像渲染效果，呈现逼真的角色和虚拟场景，效果如图 5-12 所示。同时，V-Ray Renderer 还可以减少画面噪点，使照片的细节效果更加完美。

图 5-12

V-Ray Renderer 是一种高保真的 3D 渲染器，在光照、材质、阴影等方面能达到非常逼真的效果，可以渲染出高品质的图像和动画。

第6章 绘图指令：指定参数优化图像

学习提示

在 Midjourney 中，用户可以使用相应的参数和指令进行绘画。本章将为读者介绍 Midjourney 的基本绘图指令和 settings 指令，帮助读者掌握基本的参数设置以及调整指令参数的方法。

本章重点导航

- 掌握 Midjourney 的基本绘图指令
- 通过 settings 指令对参数进行调整

6.1 掌握 Midjourney 的基本绘图指令

Midjourney 具有强大的 AI 绘画功能，用户可以通过各种指令和关键词改变 AI 绘画的效果，生成更优秀的 AI 绘画作品。本节将介绍一些 Midjourney 的基本绘图指令，让用户在生成 AI 绘画作品时更加得心应手。

058 Niji（模型）

扫码观看教学视频

Niji 是 Midjourney 和 Spellbrush 合作推出的一款专门针对动漫和二次元风格的 AI 模型，可通过在关键词后面添加 --niji 指令来调用。在 Niji 模型中生成的效果比 v5 系列模型更偏向动漫风格，效果如图 6-1 所示。

图 6-1

059 chaos（混乱）

在 Midjourney 中使用 --chaos（简写为 --c）指令，可以影响图片生成结果的变化程度，能够激发 AI 模型的创造能力，值（范围为 0 ～ 100，默认值为 0）越大，AI 模型就会有越大的自由空间。

在 Midjourney 中输入相同的关键词，较小的 --chaos 值具有更可靠的结果，生成的图片效果在风格、构图上比较相似，效果如图 6-2 所示；较大的 --chaos 值将产生更多不寻常和意想不到的结果和组合，生成的图片效果在风格、构图上的差异较大，效果如图 6-3 所示。

图 6-2

图 6-3

060 aspect rations（横纵比）

aspect rations（横纵比）指令用于更改生成图像的宽高比，通常表示为冒号分割两个数字，如 7:4、4:3。注意，冒号为英文字体格式，且数字必须为整数。Midjourney 的默认宽高比为 1:1，效果如图 6-4 所示。

图 6-4

可以在关键词后面加上 --aspect 指令或 --ar 指令指定图片的横纵比。例如，使用与图 6-4 中相同的关键词，后面加上 --ar 4:3 指令，即可生成相应尺寸的横图，效果如图 6-5 所示。需要注意的是，在图片生成或放大过程中，最终输出的尺寸效果可能会略有修改。

图 6-5

061 no（否定提示）

在关键词后面加上 --no ×× 指令，可以让画面中不出现 ×× 内容。例如，在关键词后面添加 --no hands 指令，表示生成的图片中人物不出现手部，效果如图 6-6 所示。

图 6-6

专家指点

用户可以使用 imagine 指令与 Discord 中的 Midjourney Bot 互动，该指令用于根据简短文本说明（即关键词）生成唯一的图片。Midjourney Bot 最适合使用简短的句子描述想要看到的内容，避免使用过长的关键词。

062 stop（停止）

在Midjourney中使用stop指令，可以停止正在进行的AI绘画作业，然后直接出图。如果没有使用 stop 指令，则默认的生成步数为 100，得到的图片效果是非常清晰、翔实的，效果如图 6-7 所示。

图 6-7

以此类推，生成的步数越少，使用 stop 指令停止渲染的时间就越早，生成的图像也就越模糊。图 6-8 所示为使用 --stop 50 指令生成的图片效果，50 代表步数。

图 6-8

063 quality（生成质量）

在关键词后面加上 --quality（简写为 --q）指令，可以改变图片生成的质量，不过高质量的图片需要更长的时间处理细节。更高的质量意味着每次生成耗费的 GPU（graphics processing unit，图形处理器）分钟数也会增加。

例如，通过 imagine 指令输入相应关键词，并在关键词后面加上 --quality .25 指令，即可以很快的速度生成不详细的图片，可以看到花朵的细节非常模糊，如图 6-9 所示。

图 6-9

通过 imagine 指令输入相同的关键词，并在关键词后面加上 --quality .5 指令，即可生成不太详细的图片，如图 6-10 所示，与不使用 --quality 指令呈现的图片效果差不多。

图 6-10

继续通过 imagine 指令输入相同的关键词，并在关键词后面加上 --quality .1 指令，即可生成有更多细节的图片，如图 6-11 所示。

图 6-11

专家指点

需要注意的是，更高的 --quality 值并不总是更好，有时较低的 --quality 值可以产生更好的效果，这取决于用户对作品的期望。例如，较低的 --quality 值比较适合绘制抽象主义风格的画作。

064 tile（重复磁贴）

在 Midjourney 中使用 tile 指令生成的图片可用作重复磁贴，可以生成一些重复、无缝的图案元素，如瓷砖、织物、壁纸和纹理等，效果如图 6-12 所示。

图 6-12

065 prefer option set（首选项设置）

通过 Midjourney 进行 AI 绘画时，可以使用 prefer option set 指令，将一些常用的关键词保存在一个标签中，这样每次绘画时就不用重复输入相同的关键词。下面介绍使用 prefer option set 指令绘画的操作步骤。

步骤 01 在 Midjourney 下面的输入框内输入 /，在弹出的列表框中选择 prefer option set 指令，如图 6-13 所示。

步骤 02 执行操作后，在 option（选项）文本框中输入相应的名称，如 mars，如图 6-14 所示。

步骤 03 执行操作后，单击“增加 1”按钮，在上方的“选项”列表框中选择 value（参数值）选项，如图 6-15 所示。

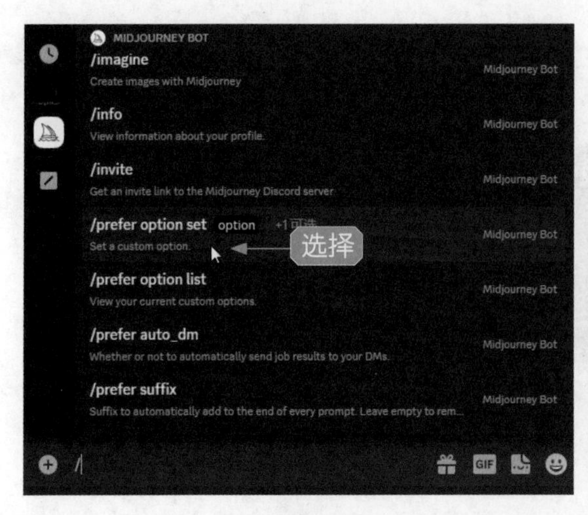

图 6-13

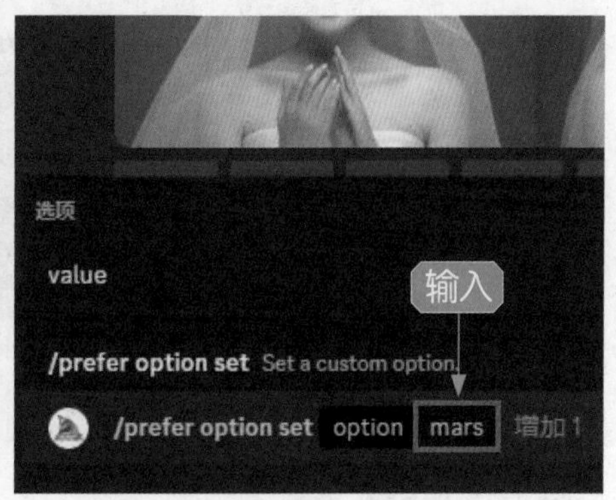

图 6-14

图 6-15

步骤 04 执行操作后，在 value 输入框中输入相应的关键词，如图 6-16 所示。这里的关键词就是我们想要添加的一些固定的指令。

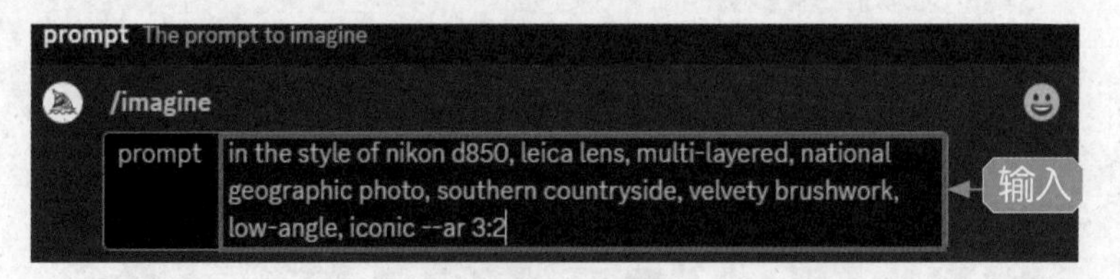

图 6-16

步骤 05 按 Enter 键确认，即可将上述关键词存储到 Midjourney 的服务器中，如图 6-17 所示，从而给这些关键词打上一个统一的标签，标签名称为 mars。

图 6-17

步骤 06 在 Midjourney 中通过 imagine 指令输入相应的关键词，主要用于描述主体，如图 6-18 所示。

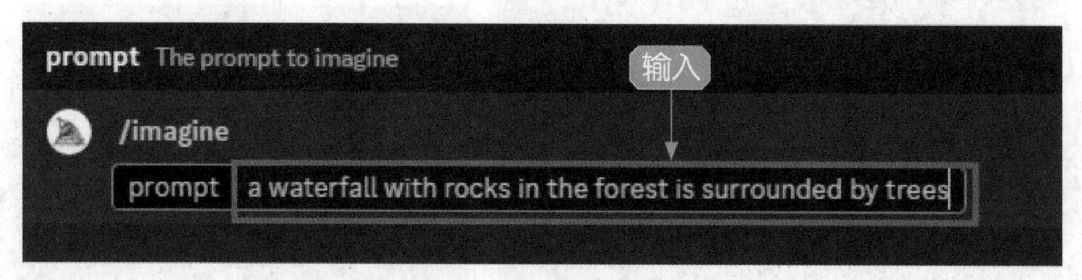

图 6-18

步骤 07 在关键词后面添加一个空格，并输入—mars 指令，即调用 mars 标签，如图 6-19 所示。

图 6-19

步骤 08 按 Enter 键确认，即可生成相应的图片，效果如图 6-20 所示。可以看到，Midjourney 在绘画时会自动添加 mars 标签中的关键词。

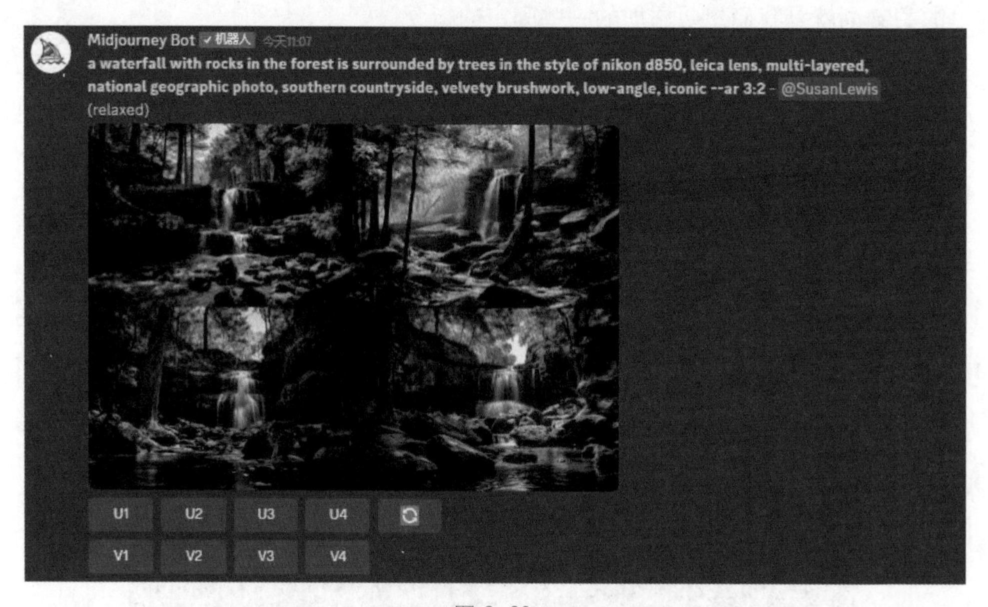

图 6-20

步骤 09 单击 U3 按钮，放大第 3 张图片，效果如图 6-21 所示。

图 6-21

图 6-22 所示为第 3 张图的大图效果，这个画面展示了美丽的瀑布场景，并使用慢门摄影展现了河流的清澈，与清幽的森林相衬，表现出大自然的宁静美好。

图 6-22

066 style（风格）

在 Niji V5 版本下，用户可以通过 --style（风格）指令生成各种风格的动漫和二次元图像。例如，使用 --style cute（可爱风）指令能够生成更迷人可爱的角色、道具和场景；--style expressive（表情丰富的风格）指令会使图像有更精致的插画感；--style original（原始风格）指令指使用最原

始的 Niji 模型版本；使用 --style scenic（戏剧风）指令会在奇幻环境的背景下制作美丽的电影角色图像。

例如，可以通过使用 --style cute 指令，生成一只迷人可爱的兔子图像，效果如图 6-23 所示。

图 6-23

使用 --style scenic 指令可以生成一只精致、更具有动态感的兔子形象，效果如图 6-24 所示。

图 6-24

067 iw（图像权重）

在 Midjourney 中以图生图时，使用 iw 指令可以提升图像权重，即调整提示的图像（参考图）与文本部分（提示词）的重要性。

使用的 iw 值（.5 ～ 2）越大，表明上传的图片对输出的结果影响越大。注意，Midjourney 中指令的参数值为小数（整数部分是 0）时，只需加上小数点即可，前面的 0 不用写。下面介绍 iw 指令的使用方法。

步骤 01 在 Midjourney 中使用 describe 指令上传一张参考图，并生成相应的提示词，如图 6-25 所示。

步骤 02 单击生成的图片，在弹出的预览图中单击鼠标右键，在弹出的快捷菜单中选择“复制图片地址”选项，如图 6-26 所示，复制图片链接。

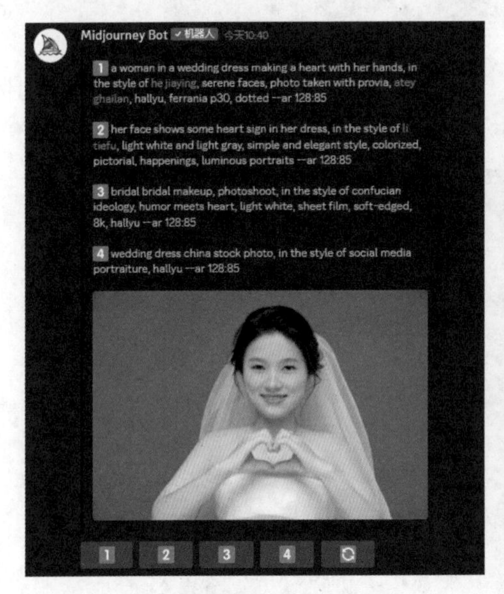

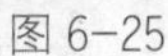

图 6-25

图 6-26

步骤 03 调用 imagine 指令，将复制的图片链接和第 3 个提示词输入 prompt 输入框中，并在后面输入 --iw 2 指令，如图 6-27 所示。

图 6-27

步骤 04 按 Enter 键确认，即可生成与参考图的风格相似的图片，效果如图 6-28 所示。

图 6-28

步骤 05 单击 U1 按钮，生成第 1 张图的大图，效果如图 6-29 所示。

图 6-29

068 seeds（种子值）

在使用 Midjourney 生成图片时，会有一个从模糊的“噪点”逐渐变得具体清晰的过程，而这个“噪点”的起点就是“种子”，即 seed。Midjourney 依靠它创建一个“视觉噪音场”，作为生成初始图片的起点。

种子值是 Midjourney 为每张图片随机生成的，也可以使用 --seed 指令指定。在

Midjourney 中使用相同的种子值和关键词，将产生相同的出图结果，利用这一点可以生成连贯一致的人物形象或者场景。

下面介绍获取种子值的操作步骤。

步骤 01 在 Midjourney 中生成相应的图片后，在该消息上方单击“添加反应”图标，如图 6-30 所示。

步骤 02 执行操作后，弹出一个“反应”对话框，如图 6-31 所示。

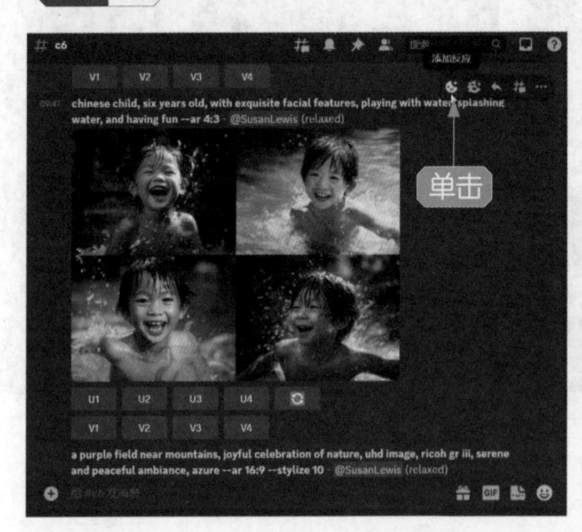

图 6-30

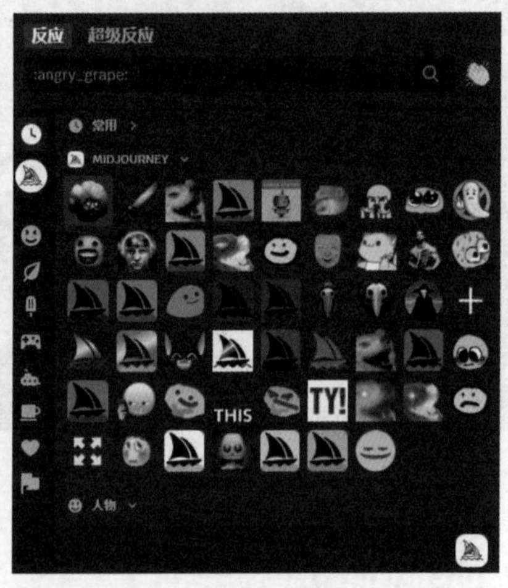

图 6-31

步骤 03 在“探索最适用的表情符号”文本框中输入 envelope（信封），并单击搜索结果中的信封图标，如图 6-32 所示。

步骤 04 执行操作后，Midjourney Bot 将给我们发送一个消息，单击 Midjourney Bot 图标，如图 6-33 所示。

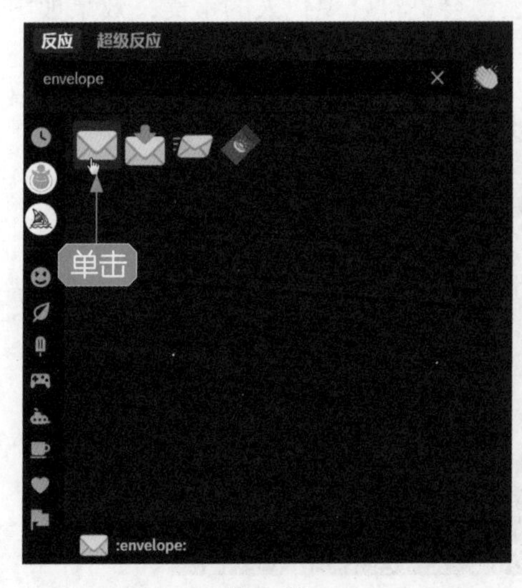

图 6-32

图 6-33

步骤 05 执行操作后，即可看到 Midjourney Bot 发送的 Job ID（作业 ID）和图片的种子值，如图 6-34 所示。

步骤 06 此时，可以对关键词进行适当修改，并在其后面加上 --seed 指令，在指令后面输入图片的种子值，然后生成新的图片，效果如图 6-35 所示。

图 6-34

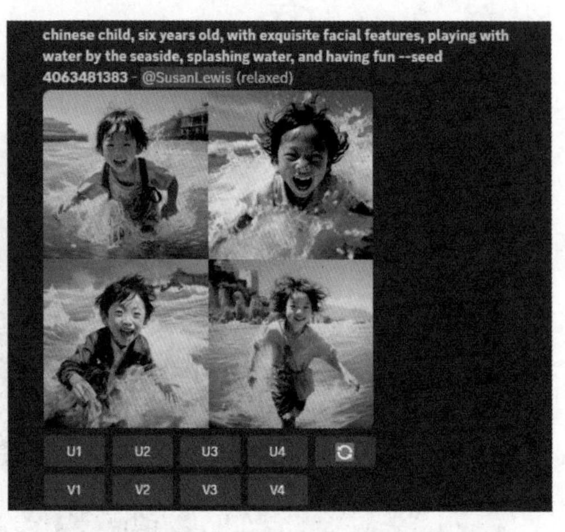

图 6-35

069 weird（诡异的）

--weird 指令用于探索非传统美学，该绘画指令为生成的图像引入了古怪和另类的品质，能够产生独特和意想不到的结果。最佳的 --weird 值取决于提供的关键词，并需要用户不断地进行实验。

在 Midjourney 中使用 --weird 指令，可以让生成的图片更富有创意性和独特性。较小的 weird 值生成的图片相对不那么古怪，会更符合现代人的审美，效果如图 6-36 所示。

图 6-36

而较高的 weird 值生成的图片所展示的画面更具创造性，具有突破传统观念的吸引力和怪异感，在关键词的基础上做出更大胆的创造，效果如图 6-37 所示。

图 6-37

6.2 通过 settings 指令对参数进行调整

settings 指令提供了常用选项的切换按钮，输入 settings 指令后，可以在弹出的面板中对相关绘画参数进行调整，如生成图片时所需要使用的模型版本、样式原始参数、风格化参数，以及作品公开和隐私模式等。本节将介绍如何通过 settings 指令对相关的绘画参数进行调整。

070 version（版本）

扫码观看教学视频

version 指版本型号，Midjourney 会经常进行版本的更新，并结合用户的使用情况改进其算法。从 2022 年 4 月至 2023 年 8 月，Midjourney 已经发布了 7 个版本，其中 version 5.2 是目前最新且效果最好的版本。

Midjourney 目前支持 version 1、version 2、version 3、version 4、version 5、version 5.1、version 5.2 等版本，用户可以通过在关键词后面添加 --version（或 --v） 1/2/3/4/5/5.1 调用不同的版本，如果没有添加版本后缀参数，那么会默认使用最新的版本参数。下面介绍具体的操作步骤。

步骤 01 在 Midjourney 下面的输入框内输入 /，在弹出的列表框中选择 settings

指令，如图 6-38 所示。

步骤 02 按 Enter 键确认，即可调出 Midjourney 的设置面板，在该面板中会显示 Midjourney 的版本和风格设置等数据，如图 6-39 所示。在设置面板中，可以看到 Midjourney 默认情况下会设置为最新的模型版本 V5.2。

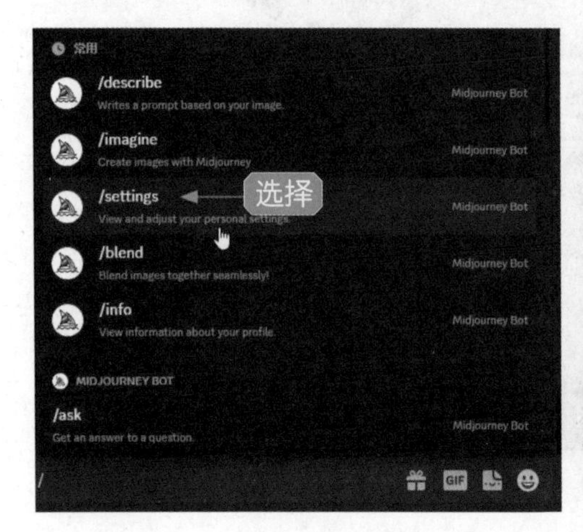

图 6-38

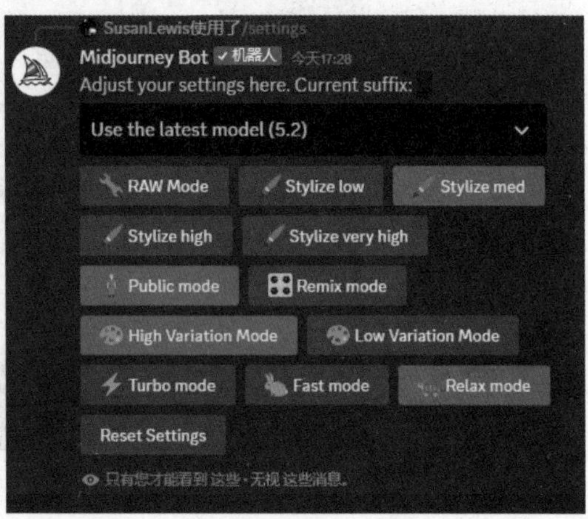

图 6-39

步骤 03 单击版本设置右侧的下拉按钮，选择 Midjourney Model V5.1 选项，如图 6-40 所示，即可更改版本设置。

图 6-40

步骤 04 通过 imagine 指令输入相应的关键词，如图 6-41 所示。

图 6-41

步骤 05 按 Enter 键确认，可以看到关键词后面会自动添加 -- v 5.1 指令，如图 6-42 所示。

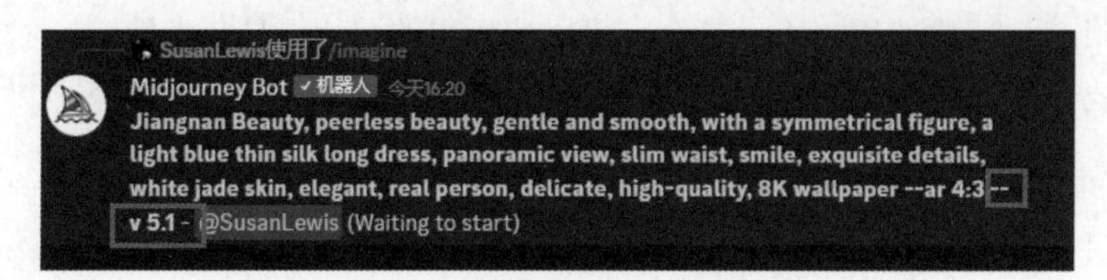

图 6-42

步骤 06 稍等片刻，Midjourney 将生成相应的图片，效果如图 6-43 所示。

图 6-43

用户也可以通过直接在关键词后面添加版本指令，如 --v 4 指令，即可通过 version 4 版本生成相应的图片，效果如图 6-44 所示。可以看到，与 version 5.1 版本相比，version 4 版本生成的图片画面真实感会比较差。

图 6-44

071 stylize（风格化）

在 Midjourney 中使用 stylize 指令，可以让生成的图片更具艺术性的风格。较低的 stylize 值生成的图片与关键词密切相关，但艺术性较差；较高的 stylize 值生成的图片艺术性较强，但与关键词的关联性较低，AI 模型会有更多的自由发挥空间。下面介绍调整图片 stylize 值的操作步骤。

步骤 01 选择 settings 指令后，调出 Midjourney 的设置面板，在设置面板中，stylize 值有 4 个选项，分别为 stylize low（stylize 值为 0 ～ 100）、stylize med（stylize 值为 100 ～ 250）、stylize high（stylize 值为 250 ～ 500）、stylize very high（stylize 值为 500 ～ 1000），默认情况下 stylize 模式为 stylize med，如图 6-45 所示。

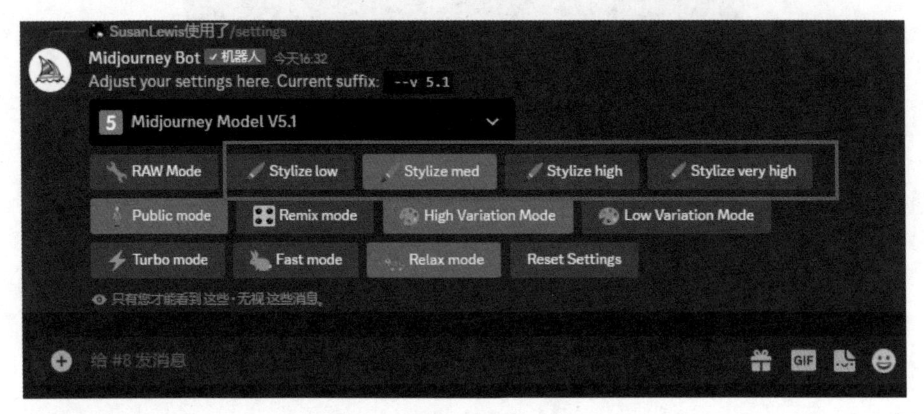

图 6-45

步骤 02 单击 stylize very high 按钮，如图 6-46 所示，即可调整 stylize 值为 750（按钮显示为绿色），使生成的图片更具有创造力。

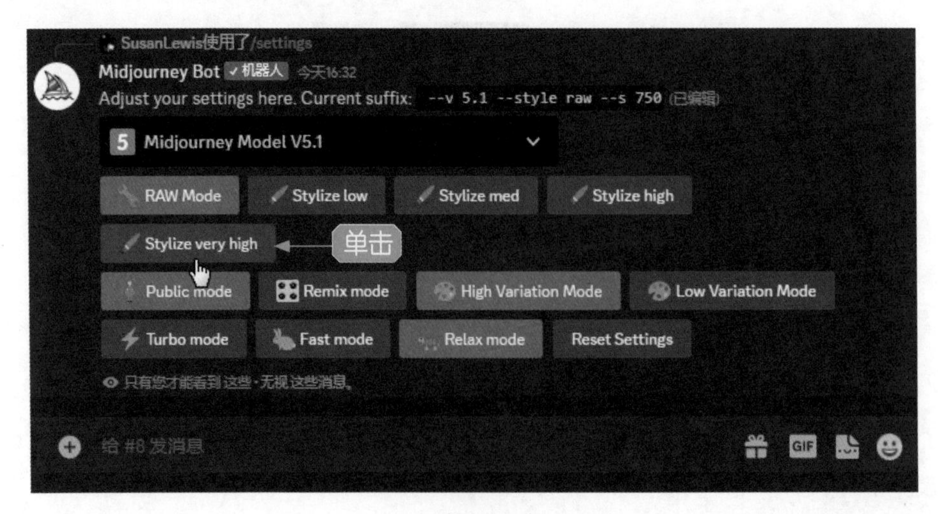

图 6-46

步骤 03 通过 imagine 指令输入相应的关键词，如图 6-47 所示。

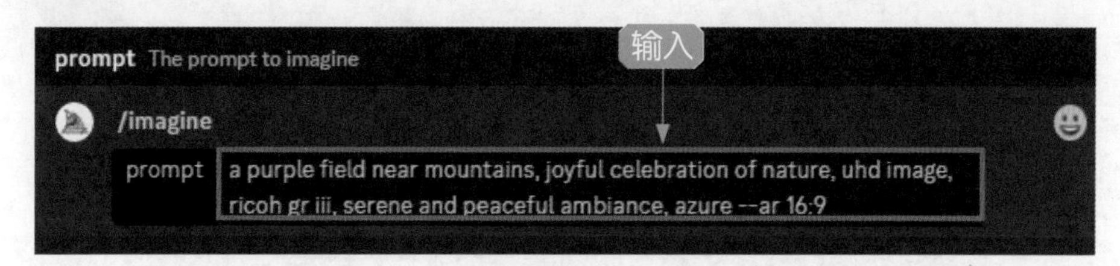

图 6-47

步骤 04 按 Enter 键确认，可以看到关键词后面会自动添加 --s 750（--stylize 750）指令，如图 6-48 所示。

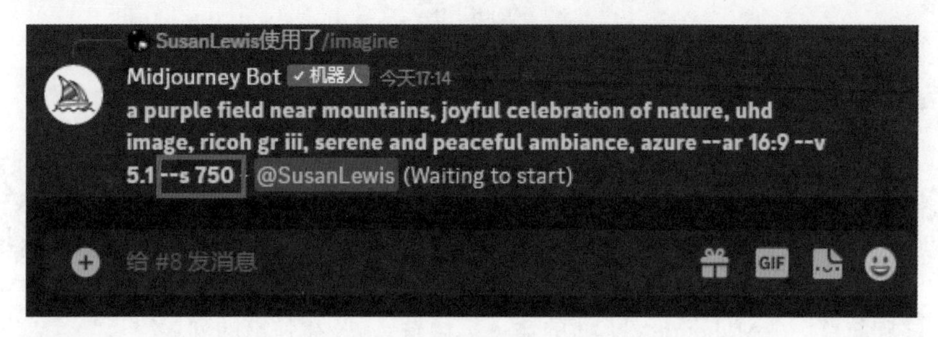

图 6-48

步骤 05 稍等片刻，Midjourney 将生成相应的图片，效果如图 6-49 所示。

图 6-49

用户也可以通过直接在关键词后面添加 stylize 指令，如 --s 10（--stylize 10）指令，即可通过低 stylize 值生成相应的图片，效果如图 6-50 所示。可以看到，stylize 值越低，生成的图片与关键词的提示越贴合。

图 6-50

072 Remix mode（混音模式）

使用 Midjourney 的 Remix mode（混音模式）可以更改关键词、参数、模型版本或变体之间的横纵比，让 AI 绘画变得更加灵活、多变。下面介绍具体的操作步骤。

步骤 01 在 Midjourney 下面的输入框内输入 /，在弹出的列表框中选择 settings 指令，如图 6-51 所示。

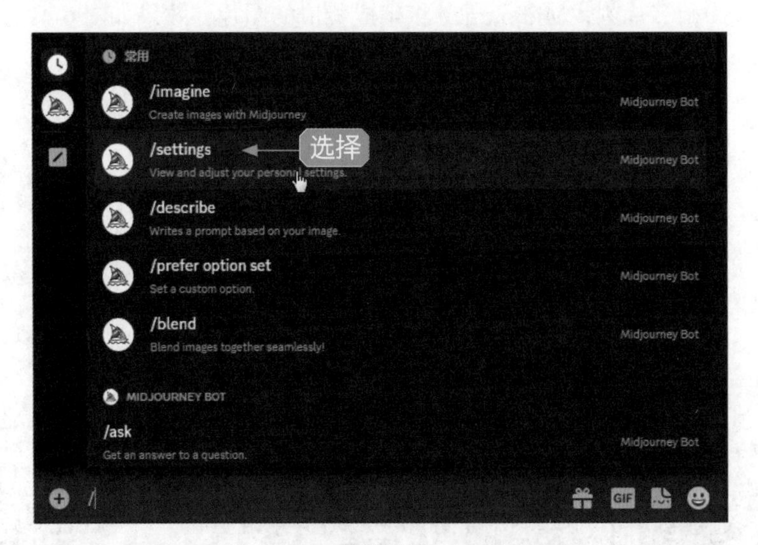

图 6-51

步骤 02 按 Enter 键确认，即可调出 Midjourney 的设置面板，在该面板中会显示 Midjourney 的版本和风格设置等数据，如图 6-52 所示。

步骤 03 在设置面板中，单击 Remix mode 按钮，如图 6-53 所示，即可开启混音模式（按钮显示为绿色）。

步骤 04 通过 imagine 指令输入相应的关键词，生成的图片效果如图 6-54 所示。

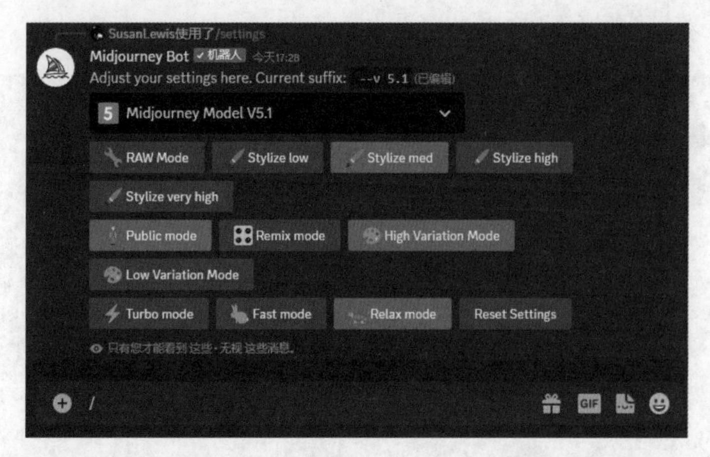

图 6-52

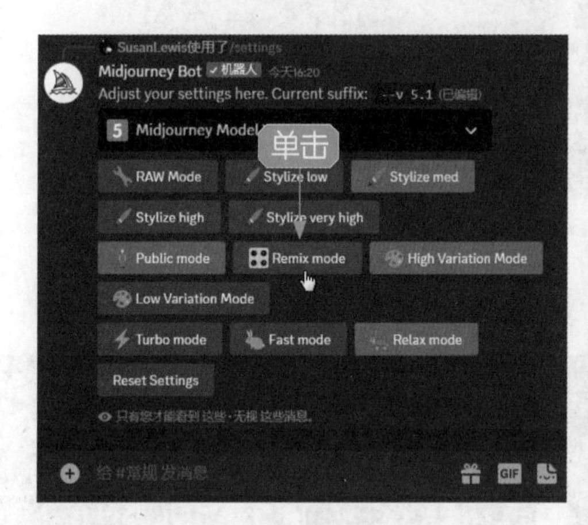

图 6-53

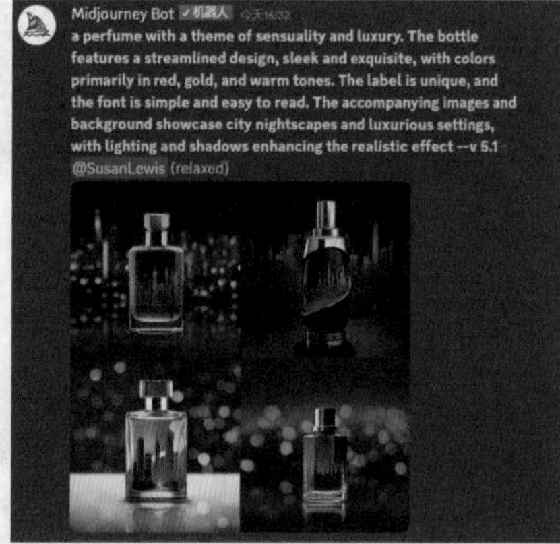

图 6-54

步骤 05 单击 V3 按钮，弹出 Remix Prompt（混音提示）对话框，如图 6-55 所示。

步骤 06 适当修改其中的某个关键词，如将 red（红色）改为 blue（蓝色），如图 6-56 所示。

图 6-55

图 6-56

步骤 07 单击“提交”按钮，即可重新生成相应的图片，将图中的红色背景变成蓝色背景，效果如图 6-57 所示。

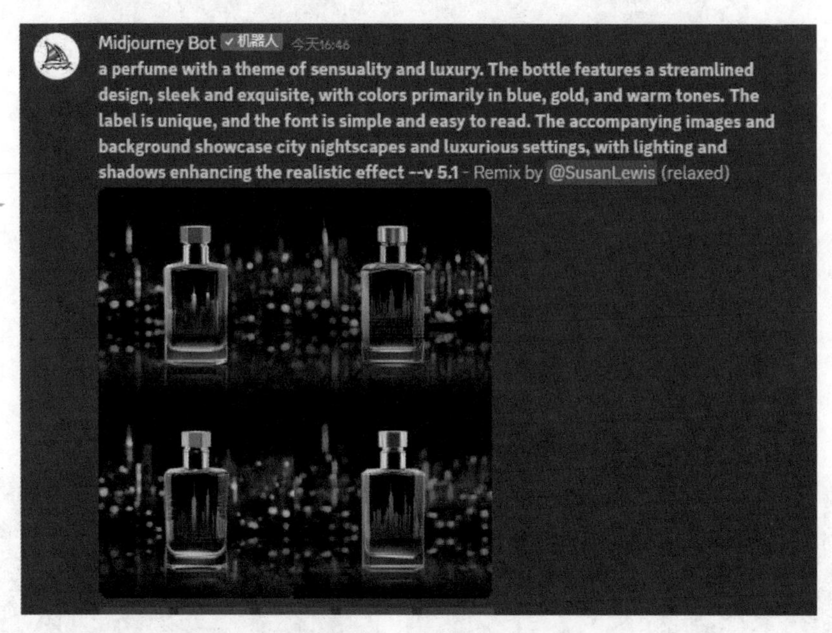

图 6-57

步骤 08 分别单击 U1 和 U2 按钮，放大图片，效果如图 6-58 所示。

图 6-58

第7章 绘图全流程：生成作品的4种方法

学习提示

掌握基本的绘图指令后，用户可以通过相应的 AI 绘图工具生成自己想要的作品。本章将介绍4种不同的绘图方法，帮助用户多角度地思考绘图方法，更好地理解 ChatGPT 和 Midjourney 两种 AI 绘图工具的使用方式。

本章重点导航

- 通过以文生图制作宫崎骏风格作品
- 从主到次制作四合院建筑图片
- 从外到内制作峡谷风光作品
- 通过绘图指令制作游戏插画作品

7.1 通过以文生图制作宫崎骏风格作品

以文生图也就是通过文字生成图片，这是生成 AI 绘画作品最基础的也是必不可少的一个步骤。用户使用 ChatGPT 输入一些描述语句来获得想要的关键词或文本，将其复制并粘贴到 Midjourney 中，然后使用命令和参数就能生成绘画作品。

在日本，有一位动画作品十分受欢迎的漫画家——宫崎骏（Hayao Miyazaki），他也是一位日本著名的动画导演、编剧和制作人，被广泛认为是世界动画界的重要人物之一，他的电影作品融合了幻想、冒险、自然主题和深刻的人性探索，受到了全球观众的喜爱和赞赏。本节以宫崎骏为例，通过以文生图的绘图方法为大家介绍生成宫崎骏漫画风格的 AI 作品。

073 关键词文案

宫崎骏的作品通常具有精致、细腻的画风，注重细节，表现力丰富，能够表现出人物情感和环境氛围。下面以 ChatGPT 为例，介绍生成宫崎骏漫画风格关键词文案的操作方法。

步骤 01 在 ChatGPT 中输入“你知道宫崎骏吗”，ChatGPT 的回答如图 7-1 所示。

你知道宫崎骏吗

当然知道，宫崎骏（Hayao Miyazaki）是一位著名的日本动画导演、编剧、制片人和漫画家。他是世界动画界的重要人物之一，以其独特的艺术风格和深刻的故事情感而闻名于世。

宫崎骏出生于1941年1月5日，他是吉卜力工作室（Studio Ghibli）的创始人之一。该工作室创作了许多经典的动画电影，受到了国际观众的喜爱和赞誉。他执导的一些著名作品包括：

1. 《千与千寻》（Spirited Away）：这部电影赢得了2003年的奥斯卡最佳动画长片奖，讲述了一个少女在神秘的世界中寻找父母的故事。
2. 《天空之城》（Castle in the Sky）：一部以冒险和幻想为主题的作品，讲述了一对年轻人寻找传说中飘浮城市的故事。
3. 《龙猫》（My Neighbor Totoro）：一部适合全家观赏的影片，讲述了两个姐妹与一个可爱的森林精灵——龙猫的友谊故事。
4. 《风之谷》（Nausicaä of the Valley of the Wind）：虽然不属于吉卜力工作室的作品，但这部电影奠定了宫崎骏的声誉，讲述了在一个后启示录世界中的冒险故事。
5. 《哈尔的移动城堡》（Howl's Moving Castle）：改编自多安妮·琼斯的小说，讲述了一个年轻女孩与一个不寻常的行走城堡之间的故事。

这些电影只是宫崎骏众多作品中的一部分，他的作品以其深刻的主题、精美的画面和富有想象力的情节而闻名，对于动画电影的发展产生了深远影响。

图 7-1

步骤 02 在 ChatGPT 中继续输入“请模仿宫崎骏的风格，写一篇奇幻冒险故事，要求 200 字左右”，ChatGPT 的回答如图 7-2 所示。

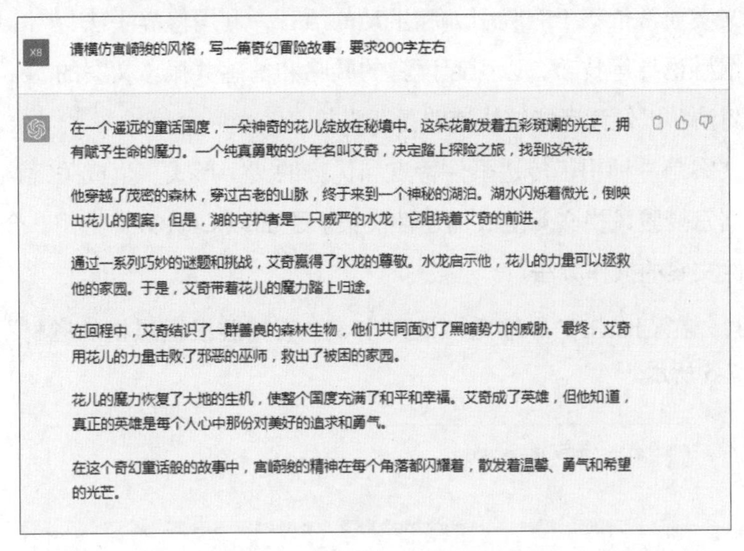

图 7-2

步骤 03 用户可以从生成的文章中提取关键词。在 ChatGPT 中输入“请根据以上的内容，提取出 10 个关键词”，ChatGPT 的回答如图 7-3 所示。

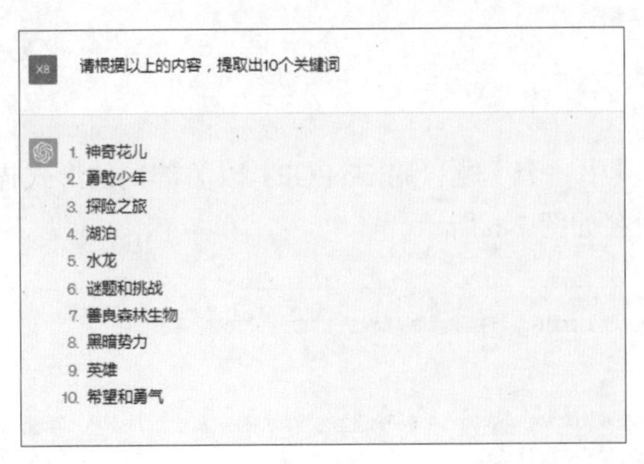

图 7-3

步骤 04 使用百度翻译将这些关键词转换成英文，如图 7-4 所示。

图 7-4

074 描述性文案

描述性文案通常依赖于有吸引力和生动的语言，利用修辞手法、故事叙述和情感诱导等技巧，以引起读者的共鸣和情感共振。文案的结构应清晰简洁，以便读者能够快速获得所需信息。

描述性文案是一种用于传达事件特点和优势的文字形式。生成关键词文案后，我们还可以根据宫崎骏风格文章生成描述性文案。下面以 ChatGPT 为例，介绍生成宫崎骏风格描述性文案的操作方法。

步骤 01 在 ChatGPT 中输入“请列出 5 个宫崎骏漫画风格的题材”，ChatGPT 的回答如图 7-5 所示。

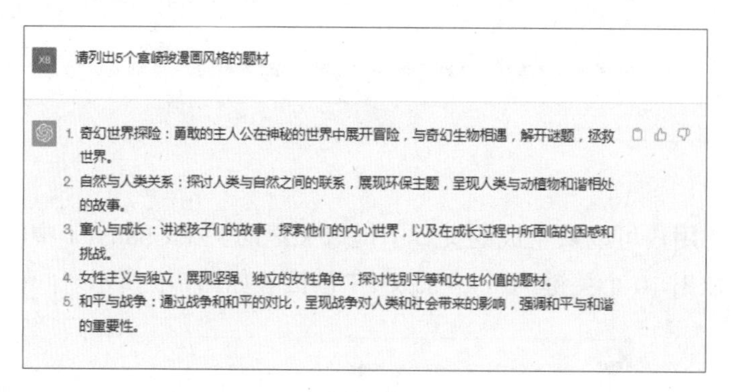

图 7-5

步骤 02 选择其中一个主题，用 ChatGPT 以关键词的形式描述一个 50 字的画面场景，ChatGPT 的回答如图 7-6 所示。

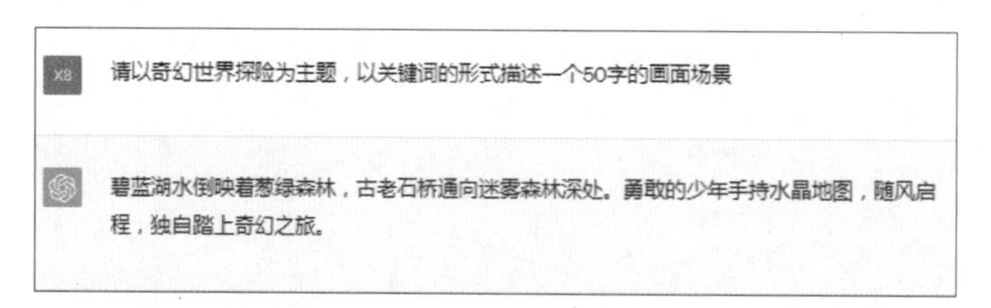

图 7-6

步骤 03 通过百度翻译将 ChatGPT 生成的关键词转换为英文，如图 7-7 所示。

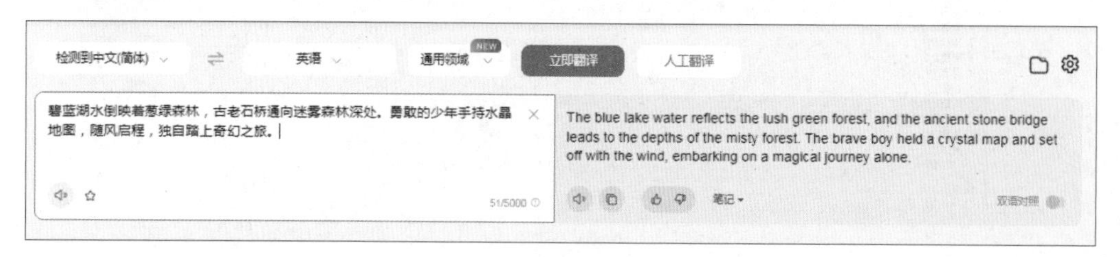

图 7-7

075 等待生成漫画

将 ChatGPT 生成的关键词转换为英文后，根据需要复制部分文案并粘贴到 Midjourney 中，然后通过 Midjourney 中的 imagine 指令输入相应的关键词，并适当地改变画面尺寸的命令参数，等待生成最终的漫画效果，具体操作步骤如下。

步骤 01 在 Midjourney 下面的输入框内输入 /，在弹出的列表框中选择 imagine 指令，如图 7-8 所示。

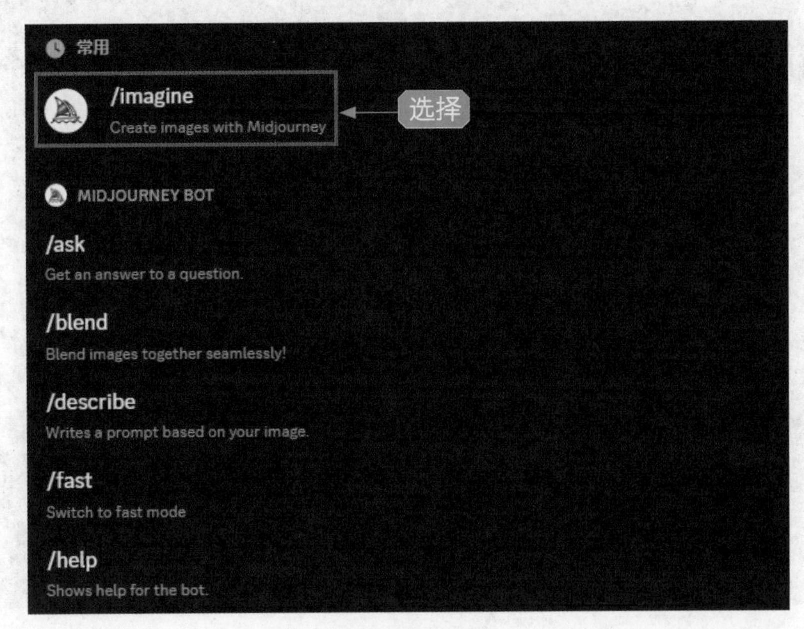

图 7-8

步骤 02 将图 7-7 转换成英文的关键词进行复制，在其中我们可以增删一些细节的关键词，通过 imagine 指令输入翻译后的英文关键词，如图 7-9 所示。

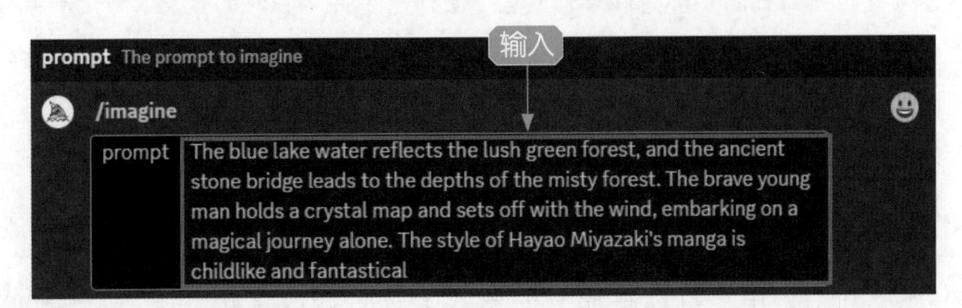

图 7-9

步骤 03 在关键词后面输入命令参数 --ar 4:3，如图 7-10 所示，即可更改图片的尺寸。

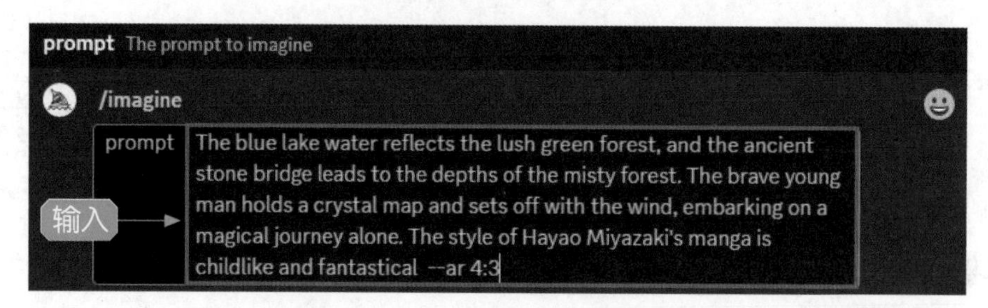

图 7-10

步骤 04 按 Enter 键确认，即可生成宫崎骏风格的图片，如图 7-11 所示。

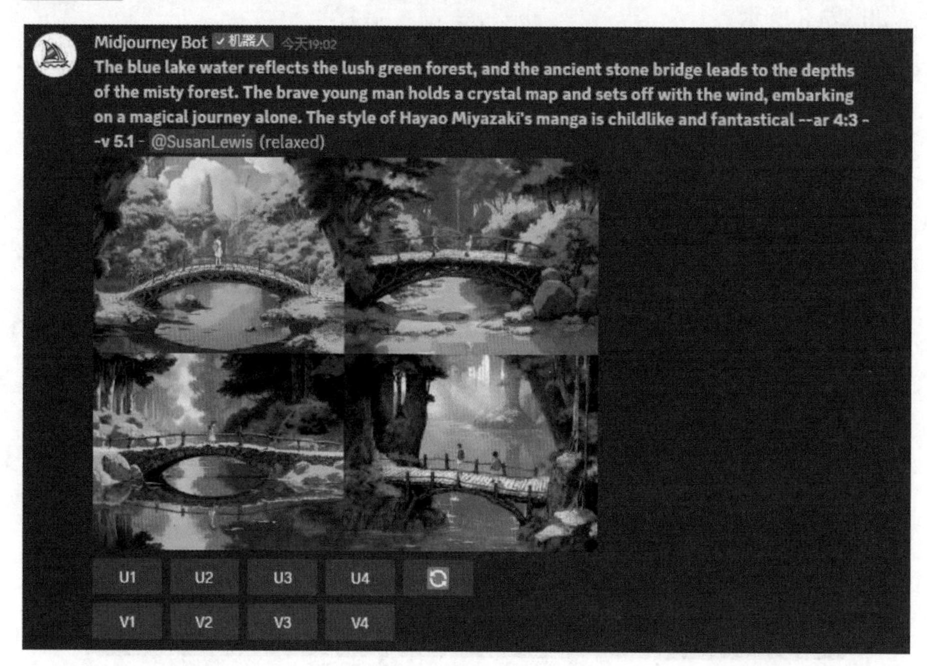

图 7-11

专家指点

宫崎骏的作品充满了幻想和奇幻元素，他创造了许多独特的生物、场景和概念，这些元素在他的漫画中呈现出独特的艺术风格。除了充满幻想，宫崎骏的漫画作品也注重真实感和生动性，漫画中的角色和情节往往具有深刻的情感和现实性。

076 复制图片链接进行优化

生成图片后，用户可以在原有的图片上进行修改优化，让 Midjourney 更高效地出图，补齐必要的风格或特征等信息，以便生成的图片更符合我们的预期，具体操作步骤如下。

步骤 01 在生成的4张图片中，选择最合适的一张，这里选择第4张，单击U4按钮，如图7-12所示。

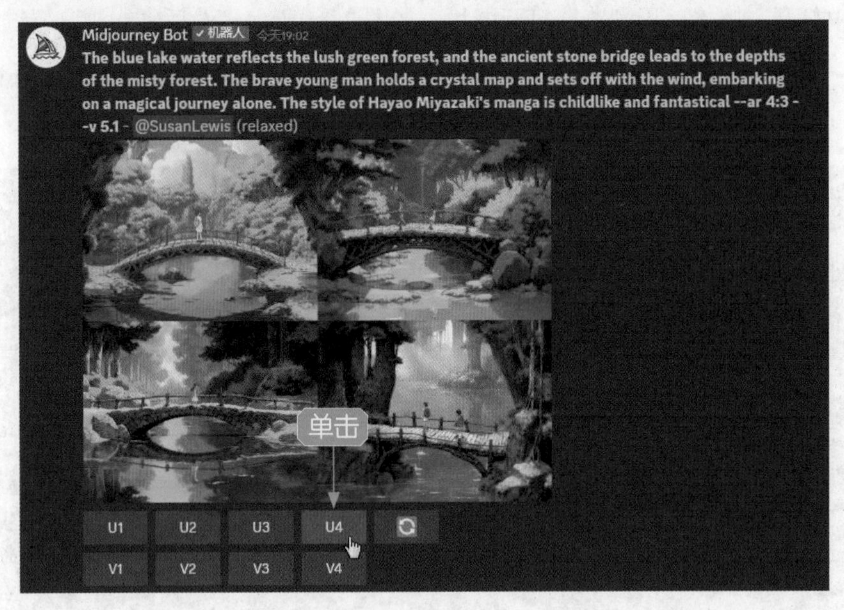

图7-12

步骤 02 执行操作后，Midjourney将在第4张图片的基础上进行更加精细的刻画，并放大图片，效果如图7-13所示。

图7-13

步骤 03 从画面中可以看到，缺少一些奇幻色彩，这时候用户可以添加特定的关键词对图片进行修改优化，以便生成的图片更符合我们的预期。点开图片，单击“在浏览器中打开”链接，用浏览器打开图片，如图 7-14 所示，然后复制浏览器链接。

图 7-14

步骤 04 将链接粘贴到 imagine 指令下方的输入框中，并添加关键词“Hayao Miyazaki Fantastic Animals（宫崎骏风格的奇幻动物）”，如图 7-15 所示，加强画面中的奇幻色彩。

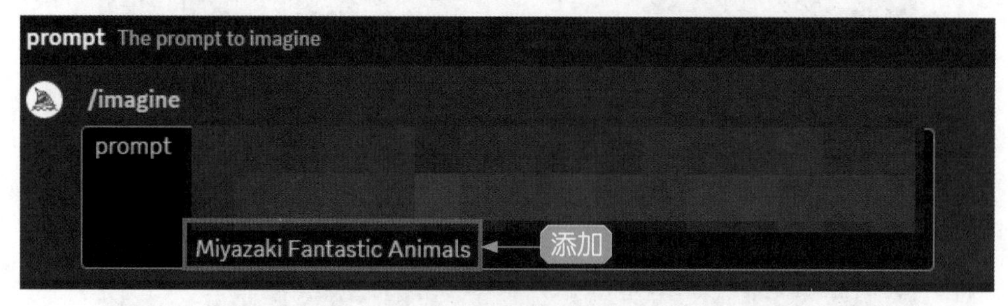

图 7-15

步骤 05 执行操作后，按 Enter 键确认，即可根据关键词重新生成相应的图片，如图 7-16 所示。

图 7-16

077 生成最终效果

在原有的图片上进行优化后，用户还可以通过 Midjourney 自带的功能重新生成相似的图片，得到最终满意的效果，具体操作步骤如下。

步骤 01 单击 V1 按钮，Midjourney 将以第 1 张图片为模板，重新生成 4 张图片，如图 7-17 所示。

图 7-17

步骤 02 单击 U2 按钮，Midjourney 将在第 2 张图片的基础上进行更加精细的刻画，并放大图片，效果如图 7-18 所示。

图 7-18

7.2 从主到次制作四合院建筑图片

除了可以通过 ChatGPT 生成 AI 图片的关键词，用以文生图的方法生成 AI 绘画作品，用户还可以通过从主到次的方式对制作的 AI 图片进行调整。在此过程中，用户可以通过调整模型的参数，对生成的图像进行优化和改进，使其更符合自己的需求和审美标准。本节将以从主到次生成 AI 摄影作品的方式，为大家介绍制作四合院建筑图片的基本流程。

078 描述画面主体

描述画面主体是指用户要把画面的主体内容讲清楚。例如，要创作一幅四合院建筑的画作，可以先让 ChatGPT 生成关键词，然后通过 Midjourney 进行绘画，具体操作步骤如下。

步骤 01 在 ChatGPT 中输入关键词"你是一个 AI 画师，请帮我简单写 5 个描述四合院建筑特征的关键词，20 字左右"，ChatGPT 的回答如图 7-19 所示。

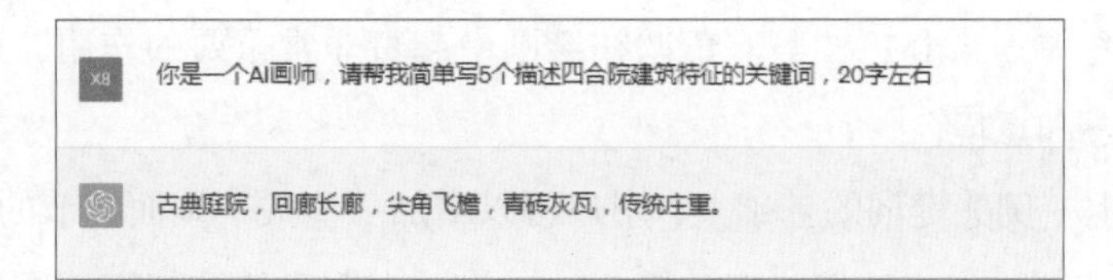

图 7-19

步骤 02 将这些关键词通过百度翻译转换为英文，如图 7-20 所示。

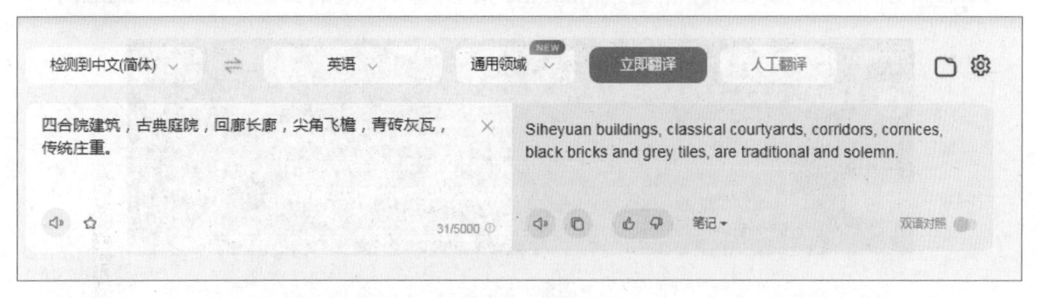

图 7-20

步骤 03 在 Midjourney 中通过 imagine 指令输入翻译后的英文关键词，生成初步的图片，效果如图 7-21 所示。

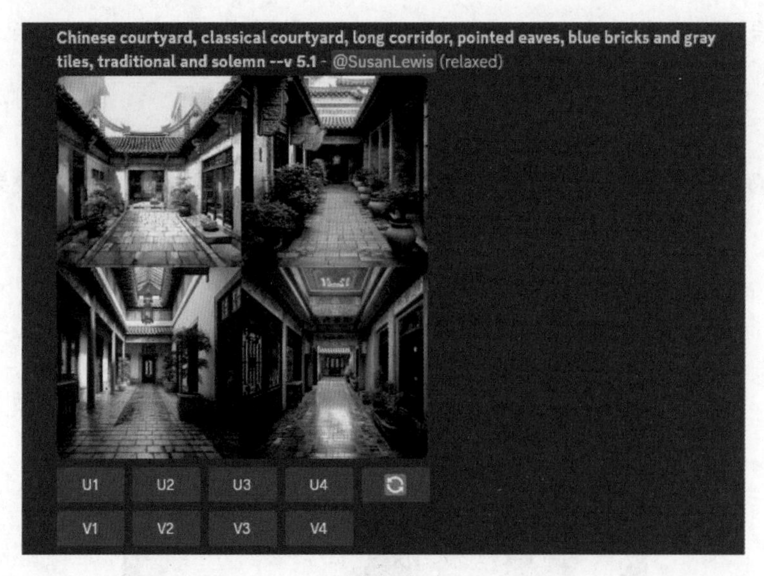

图 7-21

079 补充画面细节

画面细节主要用于补充对主体的描述，如陪体、环境、景别、镜头、视角、灯光、画质等，画面的细节还包括对色调的调整。绘画中的色调是指画面中整体色彩的基调和色调的组合，常见的色调包括暖色调、

冷色调、明亮色调、柔和色调等。色调在绘画中起着非常重要的作用，可以传达画家想要表达的情感和意境。

例如，在上一例关键词的基础上，用户可以增加一些关于画面细节的描述，如“白墙灰瓦，有小花园，有小池塘，广角镜头，逆光，太阳光线，超高清画质”，将其翻译为英文后，再次通过 Midjourney 生成图片，具体操作步骤如下。

步骤 01 在 Midjourney 中通过 imagine 指令输入相应的关键词，如图 7-22 所示。

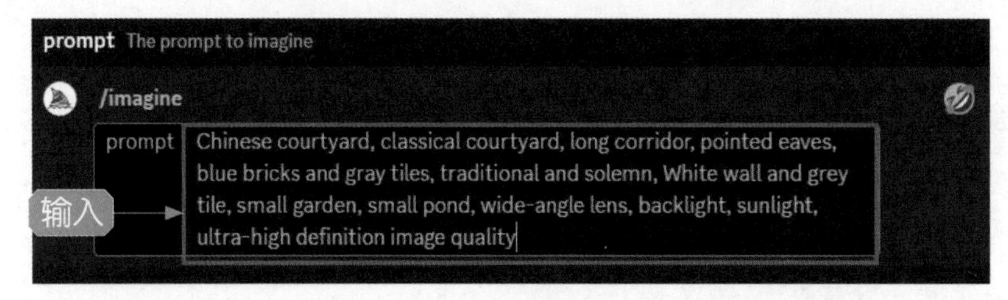

图 7-22

专家指点

增加“white wall and grey tile（白墙灰瓦）”“small garden（小花园）”等关键词，能够使四合院建筑变得更立体、真实，同时通过补充光线关键词，能让画面更贴合摄影风格。

步骤 02 按 Enter 键确认，即可生成补充画面细节关键词后的图片，效果如图 7-23 所示。

图 7-23

步骤 03 在步骤 01 的基础上，删减一些无效关键词，指定画面色调，如“柔和色调（soft colors）”，将其翻译为英文后，在 Midjourney 中通过 imagine 指令输入相应的关键词，如图 7-24 所示。

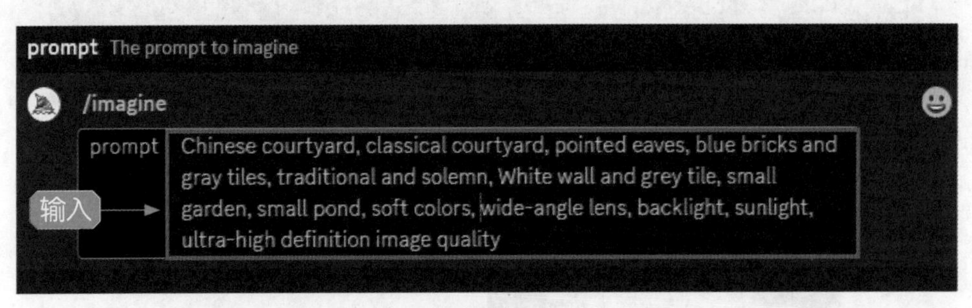

图 7-24

步骤 04 按 Enter 键确认，生成指定画面色调后的图片，效果如图 7-25 所示。

图 7-25

080 设置画面参数

设置画面的参数能够进一步调整画面细节，除了 Midjourney 中的指令参数，用户还可以添加 4K（超高清分辨率）、8K、3D、渲染器等参数，让画面的细节更加真实、精美。

例如，在上一例关键词的基础上，设置一些画面参数（如 4K --chaos 60），再次通过 Midjourney 生成图片，具体操作步骤如下。

步骤 01 在 Midjourney 中通过 imagine 指令输入相应的关键词，如图 7-26 所示。

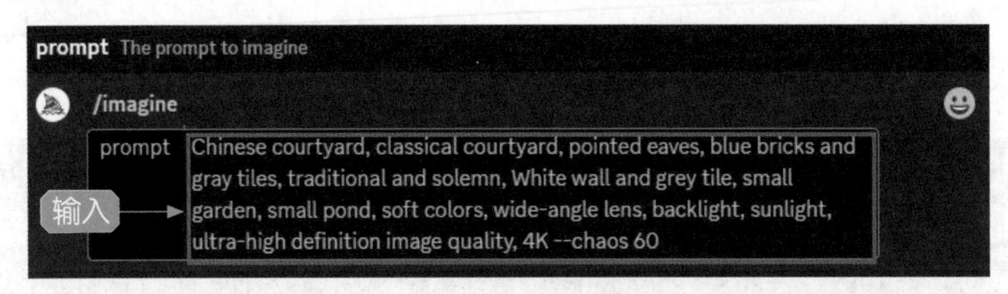

图 7-26

步骤 02 按 Enter 键确认，生成设置画面参数后的图片，效果如图 7-27 所示。

图 7-27

081 指定艺术风格

艺术风格是指艺术家在创作过程中形成的独特表现方式和视觉语言，通常包括他们在构图、色彩、线条、材质、表现主题等方面的选择和处理方式。在 AI 绘画中指定作品的艺术风格，能够更好地表达艺术家的情感、思想和观点。

艺术风格的种类繁多，包括京派、徽派、印象派、抽象表现主义、写实主义、超现实主义等。每种风格都有其独特的表现方式和特点，如印象派的色彩运用和光影效果、抽象表现主义的笔触和抽象形态等。

例如，在上一例关键词的基础上，增加一个艺术风格的关键词，如“京派风格建筑（Beijing style architecture）”，再次通过 Midjourney 生成图片，具体操作步骤如下。

步骤 01 在 Midjourney 中通过 imagine 指令输入相应的关键词，如图 7-28 所示。

图 7-28

步骤 02 按 Enter 键确认，生成指定艺术风格后的图片，效果如图 7-29 所示。

图 7-29

082 设置画面尺寸

画面尺寸是指 AI 生成的图像横纵比，也称为宽高比或画幅，通常表示为用冒号分隔的两个数字，如 7:4、4:3、1:1、16:9、9:16 等。画面尺寸的选择直接影响画作的视觉效果，如 16:9 的画面尺寸可以获

得更宽广的视野和更好的画质表现，而 9:16 的画面尺寸则适合用来绘制人像的全身照。

例如，在上一例关键词的基础上设置相应的画面尺寸，如增加关键词 --aspect 16:9，再次通过 Midjourney 生成图片，具体操作步骤如下。

步骤 01 在 Midjourney 中通过 imagine 指令输入相应的关键词，如图 7-30 所示。

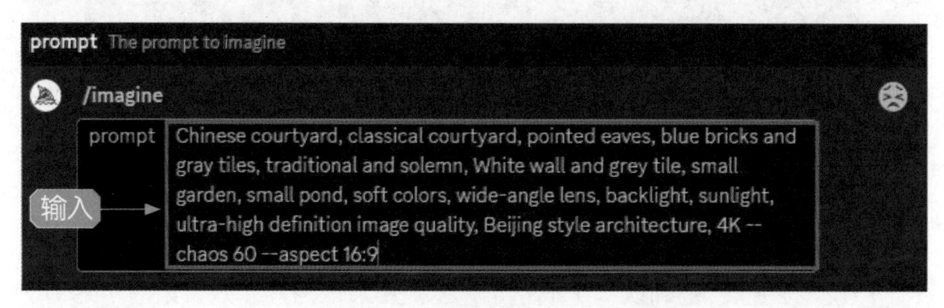

图 7-30

步骤 02 按 Enter 键确认，生成设置画面尺寸后的图片，效果如图 7-31 所示。

图 7-31

7.3 从外到内制作峡谷风光作品

除了上述提到的“以文生图”和“从主到次”的AI图片生成方法，用户还可以借助“从外到内”的操作方法对图片画面进行调整，主要是从增强图片的整体真实感到调整内部画面细节和出图品质，从而有效提升生成的 AI 作品的图片质量。本节将以热门的 AI 绘画工具 Midjourney 为例，介绍制作峡谷风光的 AI 摄影作品的操作方法。

083 用 ChatGPT 生成照片关键词

通过 AI 模型生成照片时，首先需要通过 ChatGPT 生成需要的照片关键词。例如，我们要生成一张峡谷风光的照片，可以先让 ChatGPT 生成关键词，然后通过 Midjourney 进行 AI 绘画生成照片，具体操作步骤如下。

步骤 01 在 ChatGPT 中输入相应的关键词，对 ChatGPT 的 AI 模型进行训练，让它了解我们想要的大致内容格式，如图 7-32 所示。

我是一个使用AI绘画软件作画的作者，软件的要求是输入提示词与关键词，然后生成画作。
软件要求的提示词格式如下：a[媒介] of [主体] with [主体特点], the style of [摄影风格], [背景], [视角], [精度], [光照], [色彩], [渲染]。
方括号[]中的内容一律使用英文单词或短语，我来描述我想要的媒介和主体，你来帮我生成绘画软件的提示词。

当然可以！请提供关于媒介和主体的更多信息，以便我能够为您生成符合要求的提示词。告诉我您想要的媒介是什么，以及您想要绘制的主体特点是什么样的，我将帮您构思出一个完整的提示词。

图 7-32

步骤 02 将我们想要生成的照片信息告诉 ChatGPT，让它生成符合要求的关键词，ChatGPT 的回答如图 7-33 所示。

媒介为摄影作品，主体为峡谷风光

当然，以下是根据您提供的信息生成的绘画软件提示词：

"a photograph of a majestic canyon landscape with towering rock formations, the style of dramatic lighting and shadows, a rugged background, a bird's-eye view perspective, high level of detail, golden-hour sunlight casting warm hues, vibrant and contrasting colors, and realistic rendering."

您可以将这些提示词输入绘画软件中，以获得关于峡谷风光的摄影作品的生成画作。如果您需要更多的创意或帮助，请随时告诉我！

图 7-33

084 输入关键词自动生成照片

在 ChatGPT 中生成照片关键词后，我们可以将其直接输入 Midjourney 中生成对应的照片，具体操作步骤如下。

步骤 01 在 Midjourney 中调用 imagine 指令，输入在 ChatGPT 中生成照片的关键词，如图 7-34 所示。

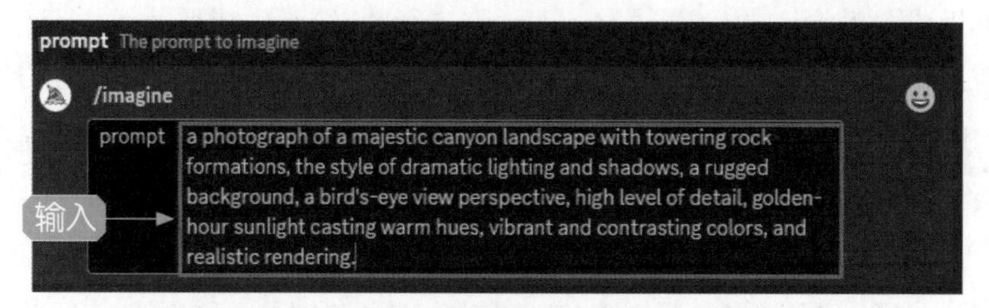

图 7-34

步骤 02 按 Enter 键确认，Midjourney 将生成 4 张对应的图片，如图 7-35 所示。

图 7-35

085 添加摄影指令增强真实感

从图 7-35 中可以看到，直接通过 ChatGPT 的关键词生成的图片仍然不够真实，因此需要添加一些专业的摄影指令来增强照片的真实感，具体操作步骤如下。

步骤 01 在 Midjourney 中调用 imagine 指令，输入相应的关键词，如图 7-36 所示，主要在上一例的基础上增加了相机型号、感光度等关键词，并将风格描述关键词修改为“in the style of photo-realistic landscapes（具有照片般逼真的风景风格）”。

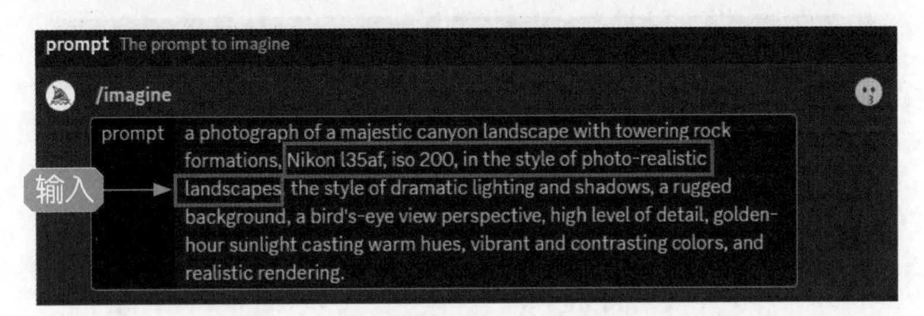

图 7-36

步骤 02 按 Enter 键确认，Midjourney 将生成 4 张对应的图片，提升了画面的真实感，效果如图 7-37 所示。

图 7-37

086 添加细节元素丰富画面效果

接下来在关键词中添加一些细节元素，补充画面内容，并增加一些与光线色彩相关的关键词，以丰富画面效果，使 Midjourney 生成的照片更加生动、有趣和逼真写实，具体操作步骤如下。

步骤 01 在 Midjourney 中调用 imagine 指令，输入相应的关键词，如图 7-38 所示，主要在上一例的基础上增加了一段关键词“a view of the mountains and river（群山和河流的景色）”。

图 7-38

步骤 02 按 Enter 键确认，Midjourney 将生成 4 张对应的图片，可以看到画面中的细节元素更加丰富，不仅保留了峡谷，而且在峡谷中央还出现了一条河流，效果如图 7-39 所示。

图 7-39

步骤 03 在 Midjourney 中调用 imagine 指令，输入相应的关键词，如图 7-40 所示，主要在上一例的基础上增加了光线、色彩等关键词。

图 7-40

步骤 04 按 Enter 键确认，Midjourney 将生成 4 张对应的图片，营造出了更加逼真的影调，效果如图 7-41 所示。

图 7-41

087 提升 Midjourney 的出图品质

最后增加一些出图品质关键词，并适当改变画面的横纵比，让画面拥有更加宽广的视野，具体操作步骤如下。

步骤 01 在 Midjourney 中调用 imagine 指令，输入相应的关键词，如图 7-42 所示，主要在上一例的基础上增加了分辨率和高清画质等关键词。

图 7-42

步骤 02 按 Enter 键确认，Midjourney 将生成 4 张对应的图片，画面显得更加清晰、细腻和真实，效果如图 7-43 所示。

图 7-43

步骤 03 单击 U4 按钮，放大第 4 张图片，效果如图 7-44 所示。

图 7-44

7.4 通过绘图指令制作游戏插画作品

在 Midjourney 绘图工具中，有许多绘图指令可以对生成的图片进行调整，如通过 aspect rations（横纵比）指令更改图片比例；通过 quality（生成质量）指令调整画面的细节。用户可以通过设置 AI 模型的绘图指令，对生成的图像进行优化和改进。本节将以 Midjourney 为例，为大家介绍通过输入绘图指令制作游戏插画作品的方法。

088 生成初步的图片效果

游戏插画是指在游戏中使用的绘画作品，通常用于呈现游戏的场景、角色、物品以及特效等视觉元素。它可以采用不同的风格和技巧，如卡通风格、写实风格以及像素风格等，以适应不同类型和风格的游戏。

游戏插画可以出现在游戏界面、剧情场景、封面、海报以及卡牌等各种媒介中，为玩家提供视觉上的享受和游戏体验。在设计一幅游戏插画作品时，用户可以先让 ChatGPT 生成关键词，然后通过 Midjourney 生成初步的图片，具体操作步骤如下。

步骤 01 在 ChatGPT 中输入“什么是游戏插画”，即可生成游戏插画的关键词文案，ChatGPT 的回答如图 7-45 所示。

X8 什么是游戏插画

游戏插画是指在电子游戏中使用的图画或艺术作品，用于增强游戏的视觉吸引力和情感表达。这些插画可以包括游戏封面、角色设计、场景背景、道具物品、界面元素等。游戏插画在游戏中扮演着重要的角色，不仅可以帮助建立游戏的视觉风格和世界观，还可以传达游戏的故事情节、角色个性和情感氛围。

游戏插画通常由专业的游戏美术师或插画师创作，他们使用各种艺术技巧和工具来制作精美的图像，以满足游戏开发团队的需求。这些插画可以采用不同的风格，如卡通、写实、奇幻等，以适应游戏的主题和氛围。

总之，游戏插画在游戏设计中扮演着至关重要的角色，它们能够为游戏增添独特的视觉魅力，并帮助玩家更好地沉浸在游戏的世界中。

图 7-45

专家指点

游戏插画的设计需要综合考虑游戏的风格、主题、用户体验和技术限制，以创造出符合游戏需求的视觉效果。

步骤 02 继续向 ChatGPT 提问，在 ChatGPT 中输入“你知道有哪些著名的游戏插画设计吗”，随后 ChatGPT 列举了多个游戏插画设计师，回答如图 7-46 所示。

图 7-46

步骤 03 任意选择一个游戏插画师，让 ChatGPT 继续生成对应的文案。在下方输入关键词“请模仿 Yoshitaka Amano（天野义孝）的风格，描述一幅游戏插画，提取出 10 个关键词”，ChatGPT 的回答如图 7-47 所示。

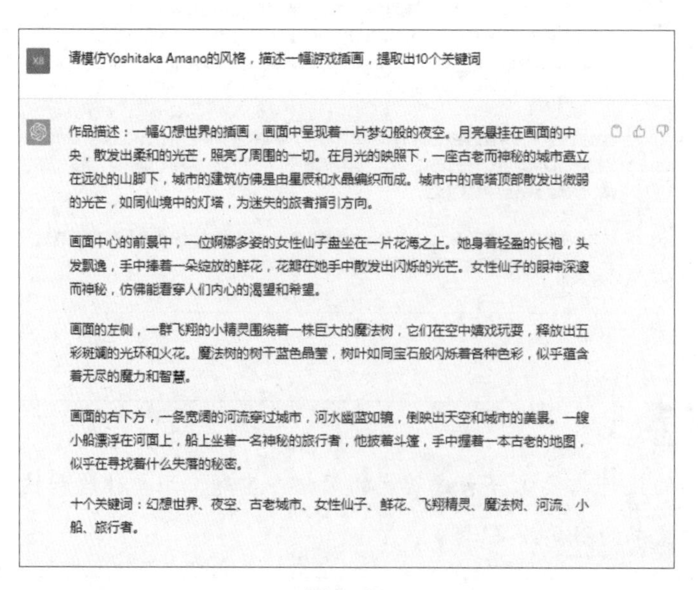

图 7-47

步骤 04 将这些关键词通过百度翻译转换为英文，如图 7-48 所示。

图 7-48

步骤 05 在 Midjourney 中调用 imagine 指令，输入翻译后的英文关键词，如图 7-49 所示。

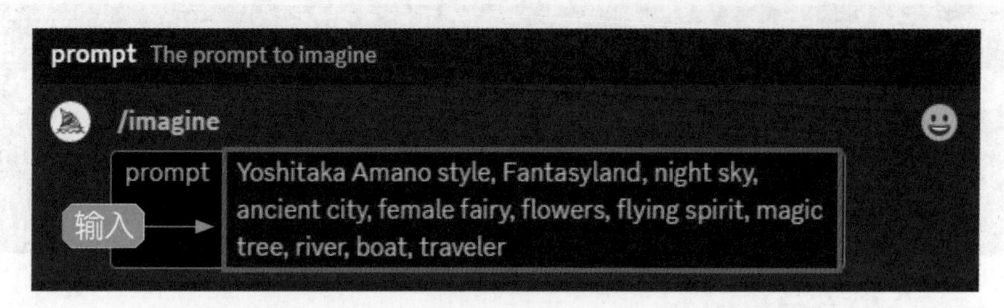

图 7-49

步骤 06 按 Enter 键确认，即可生成初步的图片，效果如图 7-50 所示。

图 7-50

089 提高图片的生成质量

生成初步的图片后，我们可以在关键词后面添加 --quality（简写为 --q）指令，提高图片的生成质量，quality 值（范围为 0 ～ 1）越大，画面的细节越丰富。

例如，通过 imagine 指令输入相应的关键词，并在关键词后面加上 --quality 1 指令，增加图片的细节，再次通过 Midjourney 生成图片，具体操作步骤如下。

步骤 01 在 Midjourney 中通过 imagine 指令输入相应的关键词，如图 7-51 所示。

图 7-51

步骤 02 按 Enter 键确认，生成添加 quality 值后的图片，效果如图 7-52 所示。

图 7-52

090 去掉不需要的内容

提高图片的生成质量后，用户可以对画面内容进行调整，如添

加 --no ×× 指令，可以让画面中不出现 ×× 内容，具体操作步骤如下。

例如，通过 imagine 指令输入相应的关键词，并在关键词后面加上 --no male（不出现男人）指令，画面中将不再出现男性角色。

步骤 01 在 Midjourney 中通过 imagine 指令输入相应的关键词，如图 7-53 所示。

图 7-53

步骤 02 按 Enter 键确认，生成添加 --no male 指令后的图片，效果如图 7-54 所示。

图 7-54

091 让画面更富有想象力

如果觉得画面过于普通，和模仿的游戏插画师风格太相似，那么可以通过添加 --chaos（简写为 --c）指令，激发 AI 模型的创造能力，

使生成的图片发生更多的变化，值（范围为 0 ～ 100，默认值为 0）越大，AI 模型就会有越多的想法。

例如，通过 imagine 指令输入相应的关键词，并在关键词后面加上 --chaos 50 指令，将产生更多意想不到的结果和组合，让画面更具有想象力，具体操作步骤如下。

步骤 01 在 Midjourney 中通过 imagine 指令输入相应的关键词，如图 7-55 所示。

图 7-55

步骤 02 按 Enter 键确认，生成添加 --chaos 50 指令后的图片，效果如图 7-56 所示。

图 7-56

092 为画面设置横纵比

在调整好画面的细节和内容后，用户可以通过 --aspect（外观）指令设置画面的横纵比，从而获得更契合画面内容的比例，得到更好的画质表现。

例如，在上一例关键词的基础上设置相应的画面比例，如增加关键词 --aspect 16:9，再次通过 Midjourney 生成图片，具体操作步骤如下。

步骤 01 在 Midjourney 中通过 imagine 指令输入相应的关键词，如图 7-57 所示。

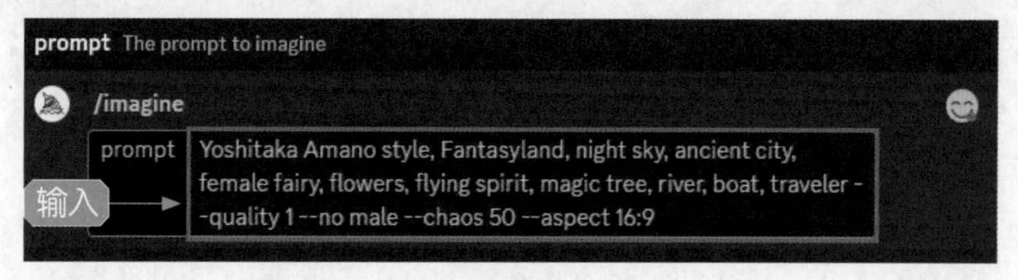

图 7-57

步骤 02 按 Enter 键确认，生成设置画面比例后的图片，效果如图 7-58 所示。

图 7-58

步骤 03 单击 U4 按钮，放大第 4 张图片，效果如图 7-59 所示。

图 7-59

第 8 章 人物 + 动植物摄影：捕捉生命的美丽瞬间

学习提示

在前面的章节中为大家重点介绍了生成 AI 摄影作品的基本绘图指令以及操作方法，本章将从案例实战的角度，借助 Midjourney 绘图工具，为大家介绍不同类型的人像、动植物摄影等富有生命力的 AI 作品。

本章重点导航

- 纪实人像摄影实例
- 专业人像摄影实例
- 野生动物摄影实例
- 小型动物摄影实例
- 微距植物摄影实例
- 风景植物摄影实例

093 纪实人像摄影实例

纪实人像摄影注重真实记录，以客观、自然的视角捕捉人物的真实表情和生活场景。它通常用于记录人物的生活、工作等，强调真实性和自然感，不过多地修饰或处理照片。下面为大家介绍一些纪实人像摄影的实例。

1. 生活人像

生活人像摄影是一种以真实生活场景为背景的人像摄影形式，与传统肖像摄影不同，它更加注重捕捉人物在日常生活中的真实情感、动作和环境。

生活人像摄影追求自然、真实和情感的表达，通过记录人物的日常活动、交流和情感体验，强调生活中的细微瞬间，让观众感受到真实而独特的人物故事。图 8-1 所示为 AI 绘制的生活人像照片效果，添加了 bunny（兔子）和 stuffed animal（毛绒玩具）等关键词，以描述生活化的场景。

图 8-1

在使用 AI 生成生活人像照片时，需要加入一些有关户外或居家环境的关键词，并添加合适的构图、光线和纪实摄影等专业摄影类的关键词，从而将人物与环境融合在一起，创造出具有故事性和情感共鸣的 AI 摄影作品。

2. 环境人像

环境人像旨在通过将人物与周围环境有机地结合在一起，以展示人物的个性、身份和生活背景，通过环境与人物的融合来传达更深层次的意义和故事。

在 AI 人像摄影中，环境人像更加注重对环境关键词的描述，需要将人物置于具有特定意义或符号性的背景中，环境同样也是主体之一，并且通过环境突出主体，效果如图 8-2 所示。

图 8-2

在环境人像摄影中，环境不仅是背景，它还可以成为故事的一部分，与人物共同构建情感和主题。在通过 AI 模型生成环境人像照片时，关键词的相关要点如下。

(1) 场景：在户外自然环境拍摄时，如森林、海滩、草原、山区等，可以利用自然光线和背景创造自然、宁静的氛围；或选择在城市街道、广场、建筑物等地拍摄，融合人物与城市景观，展现都市生活的动感与多样性。

(2) 方法：添加光线关键词，描述光线的投射与影子的变化，强调人物与环境的交互关系，创造戏剧性的效果。可以适当描述人物的服装风格，如时尚、休闲、正装等，突出人像的个性与时尚感。

3. 小清新人像

小清新人像是一种以轻松、自然、文艺的风格为特点的摄影形式，强调清新感和自然感，表现一种唯美的风格，效果如图 8-3 所示。

小清新人像摄影能够体现清新素雅、自然无瑕的美感，更多地凸显人物的气质和个性。在通过 AI 模型生成小清新人像照片时，关键词的相关要点如下。

图 8-3

（1） **场景**：一般选择简单而自然的室内或室外环境，如花园、草地、公园、林间小道、沙滩等，营造一种舒适、自然的氛围。

（2） **方法**：通过使用柔光灯、对比度适中的色彩样式关键词，呈现柔和、自然的画面效果，使照片看起来清晰、亮丽，富有生机和自然美。同时，充分利用阳光和绿植等自然元素进行打光，营造美好的视觉感受。

4. 儿童人像

儿童人像摄影是一种专注于拍摄儿童的摄影形式，旨在捕捉儿童纯真、活泼和可爱的瞬间，记录他们的成长和个性。

在通过 AI 模型生成儿童人像照片时，关键词的重点在于展现儿童的真实表情和情感，同时要描述合适的环境和背景，以及准确捕捉他们的笑容、眼神或动作等瞬间状态，效果如图 8-4 所示。

图 8-4

通过儿童人像摄影，可以记录儿童成长的美好瞬间，以及展现他们与世界的互动关系。在通过 AI 模型生成儿童人像照片时，关键词的相关要点如下。

(1) **场景**：在家中、儿童房间或摄影棚中，创造温馨舒适的环境，让儿童感到放松和自在。或选择一些特色场景，如游乐场、农场、动物园等，与儿童的活动场所相结合，创造有趣的互动场景。

(2) **方法**：加入柔和温暖的光线关键词，如柔和自然光、阳光照射、明亮眩光等，可以创造温馨色彩的儿童人像。调整照片清晰度，设置大光圈以实现背景虚化，突出儿童的天真纯真。

5. 街景人像

街景人像摄影通常是在城市街道或公共场所拍摄的具有人物元素的照片，既关注了城市环境的特点，也捕捉了人们的日常行为和情感抒发，可以展现城市生活中的千姿百态，效果如图 8-5 所示。

图 8-5

街景人像摄影力求抓住当下社会和生活的变化，强调人物表情、姿态和场景环境的融合，让观众从照片中感受城市生活的活力。在通过 AI 模型生成街景人像照片时，关键词的相关要点如下。

(1) **场景**：可以选择城市中充满浓郁文化的街道、小巷等地方，利用建筑物、灯光、路标等元素构建照片的环境。

(2) **方法**：捕捉阳光下人们自然而然的面部表情、姿势、动作作为基本主体，同时通过运用线条、角度、颜色等各种手法对环境进行描绘，打造独属于大都市的拍摄风格与氛围。

6. 室内人像

室内人像摄影是指拍摄具有个人或群体特点的照片，通常在室内环境下进行，可以更好地捕捉人物表情、肌理等细节特征，同时对背景和光线的控制也更容易，效果如图 8-6 所示。

图 8-6

室内人像摄影追求高度个性化的场景表现和突出特点的个人形象，展现真实的人物状态和情感，并呈现人物的人格内涵和个性特点。

在通过 AI 模型生成室内人像照片时，关键词的相关要点如下。

（1）**场景**：多以室内空间为主，如室内的客厅、书房、卧室、咖啡馆等场所，注意场景的装饰、气氛、搭配等元素，使其与人物的形象特点相得益彰。

（2）**方法**：可以利用临窗或透光面积较大的位置，运用自然光线和补光灯尽可能还原真实的人物肤色与明暗分布，并且可以通过对虚化背景的处理突出人物主体，呈现高品质的照片效果。

094 专业人像摄影实例

扫码观看教学视频

在专业人像摄影中，摄影师需要灵活运用不同的摄影技巧、灯光设置、构图手法和后期处理，捕捉人物的特点、个性和情感，以及展现人物在不同环境下的职业形象、特色和风采，以创造令人满意的人像作品。下面介绍一些专业人像摄影的实例。

1. 证件照

证件照是指用于个人身份认证的照片，通常用于证件、文件或注册等场合，效果如图 8-7 所示。

在用 AI 生成证件照时，可以加入清晰度、面部表情（自然、端庄）、背景色彩（通常为纯色背景，如白色、红色或浅蓝色）、服装装扮（整洁得体）、光线和阴影（照明应均匀）等关键词，从而准确地反映个人特征和形象。

2. 私房人像

私房人像是指在私人居所或私密环境中拍摄的人像照片，着重展现人物的亲密性和自然状态。私房人像摄影常常在家庭、个人生活空间或特定的私人场所进行，通过独特的场景布置、温馨的氛围和真实的情感捕捉个人的生活状态，创造独特的形象和记忆。

在用 AI 生成私房人像照片时，需要强调舒适和放松的氛围感，让人物在熟悉的环境中表现出更为自然的状态，并营造更贴近真实生活的画面感，效果如图 8-8 所示。

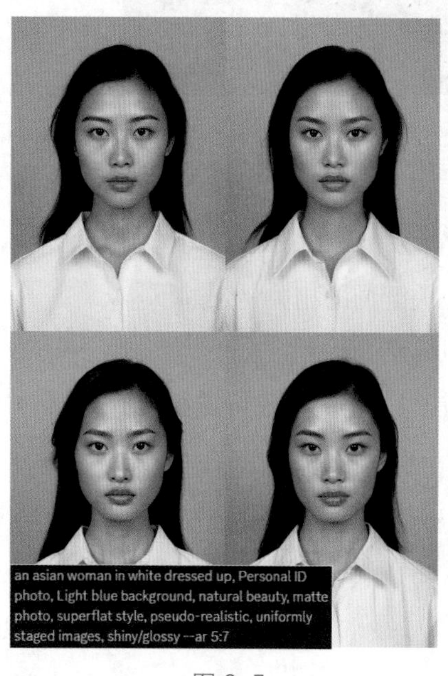

图 8-7

图 8-8

3. 古风人像

古风人像摄影是一种以古代风格、服饰和氛围为主题的人像摄影形式，它追求传统美感，通过细致的布景、服装和道具，将人物置于古风背景中，创造古典而优雅的画面感，效果如图 8-9 所示。

在用 AI 生成古风人像照片时，可以添加以下关键词来营造古风氛围。

（1）Silk（绸缎）：高贵、典雅的丝织品。

a girl holds an asian style guzheng, in the style of cherry blossoms, light green and light amber, rim light, softly luminous, flickr, light maroon and light green, sheet film, traditional costumes, Silk, Classicalarchitecture --ar 3:2

图 8-9

(2) HanFu（汉服）：中国古代的传统服饰。

(3) Guqin（古琴）：中国古代的弹拨乐器。

(4) Velvet（金丝绒）：柔软、光泽度高的纺织面料。

(5) Cloud pattern（云纹）：模拟云层纹路的装饰元素。

(6) Ancient coins（古代钱币）：代表着不同朝代的文化。

(7) Dragon and phoenix（龙凤）：中国传统的吉祥图案。

(8) Classical architecture（古典建筑）：古风特色的建筑。

4. 婚纱照

婚纱照是指人物穿着婚纱礼服的照片，在用 AI 生成这类照片时，可以添加 Wedding Dress（婚纱）、bride（新娘）、flowers（鲜花）等关键词，以创造唯美、永恒的氛围感，效果如图 8-10 所示。

Chinese Bride, Wide aperture close-up, soft side lighting during sunrise or sunset, clarity, softness, 1/200 second, f/1.8, wedding photo, accentuating the subject, blurred background, creating an atmospheric ambiance --ar 4:3

图 8-10

在用 AI 绘制婚纱照时，关键词的描述要点包括以下几个方面。

(1) **情感表达**：选择能够表达爱情、幸福、甜蜜等情感的关键词，突出夫妻之间的感情。

(2) **构图与视角**：通过选择不同的构图和视角，突出夫妻的互动和情感，创造有趣的画面。

(3) **光线**：运用温暖、柔和的光线，使照片更具浪漫感和柔美质感。

(4) **姿态与动作**：引导夫妻采取亲昵、自然的姿态和动作，展现真实、自然的情感。

5. 情侣照

情侣照是指由情侣合影拍摄的照片，能够传递情侣之间的温馨、幸福的画面感，效果如图 8-11 所示。

图 8-11

在用 AI 绘制情侣照时，关键词的描述要点包括以下几个方面。

(1) **亲密姿势**：情侣之间展现亲密的姿势，如拥抱、牵手等。

(2) **自然表情**：捕捉真实、放松的表情，展现情侣之间的快乐和真诚。

(3) **背景环境**：选择有特殊意义的背景，如浪漫的风景或重要的地点。

(4) **服装搭配**：合理搭配服装，突出情侣之间的和谐和个性。

095 野生动物摄影实例

野生动物摄影主要专注于拍摄野生动物，如大象、狮子、老虎、熊等。野生动物摄影通常要求摄影师具备较高的专业知识和技巧，因为拍摄野生动物需要考虑动物的行为习惯、保持安全距离和在自然环

境中捕捉瞬间。野生动物摄影常应用于野生动物保护、自然摄影等领域。下面介绍一些野生动物摄影的实例。

1. 猛兽

猛兽摄影是指以野生动物中的猛兽为拍摄对象的摄影方式，旨在展现其卓越的生存技能和雄壮的体魄，图 8-12 所示为一张 AI 生成的老虎照片。

图 8-12

图 8-13 所示为一张 AI 生成的狮子照片，狮子通常生活在大草原，因此添加了关键词“plain with brush and grass（有灌木丛和草地的平原）”，能够更好地展现狮子的生活习性。

图 8-13

猛兽摄影突出了野生动物之间及其与自然环境的互动关系，还可以使人们更好地了解自然万物的美丽与神奇。在通过 AI 模型生成猛兽照片时，关键词的相关要点如下。

(1) 场景：通常设置在野生动物活跃的区域，如草原、森林、沼泽等，常见的猛兽有狮子、老虎、豹、狼、熊、豺等。

(2) 方法：重点展示猛兽的生存状态，并强调其动态、姿态、神韵等特点。例如，抓住猛兽猎物跳跃、奔跑等瞬间动作，以及伸展、睡眠等不同的姿态。

2. 爬行动物

爬行动物是一类冷血脊椎动物，包括蜥蜴、蛇、鳄鱼和龟鳖等物种，它们的身体通常被鳞片覆盖，能够适应不同的环境，有些甚至能变换肤色。爬行动物摄影重点在于展现爬行动物的外形特点和生活习性，效果如图 8-14 所示。

图 8-14

图 8-15 所示为一张 AI 生成的鳄鱼照片，鳄鱼最明显的特点就是长而尖的嘴，内侧有锋利的牙齿，因此添加了关键词“dynamic and exaggerated facial expressions（动态夸张的面部表情）”“in the style of distinct facial features（具有明显的面部特征）”，着重呈现其面部的特写镜头。

在通过 AI 模型生成爬行动物照片时，关键词的相关要点如下。

(1) 场景：可以是沙漠、草原、森林、水域等地方，常见的爬行动物包括蜥蜴、蛇、乌龟、鳄鱼等，具体的生存场景因物种而异。例如，蜥蜴通常栖息在洞穴、地下等隐蔽处或者高大的树木上。用户在写场景关键词时，需要多参考一些相关的摄影作品，这样才能生成更加真实的照片效果。

(2) 方法：用关键词着重描绘纹理和颜色，许多爬行动物具有独特的皮肤纹理和饱和度高的颜色。

图 8-15

3. 大型哺乳动物

哺乳动物是一类具有特征性哺乳腺、产仔哺育和恒温的脊椎动物，大型哺乳动物通常指的是大象、狮子、熊和海豚等物种。在用 AI 生成大型哺乳动物照片时，需要了解它们的行为习性和栖息地，以获得真实的画面效果。

图 8-16 所示为一张 AI 生成的海豚照片，海豚喜欢在海面上跳跃，因此添加了关键词“jumping off in water（在水中跳跃）”，能够展示海豚灵巧的身姿。

图 8-16

096 小型动物摄影实例

小型动物摄影是一种通过摄影技术，专门捕捉和展示小型动物（如昆虫、爬行动物、小型哺乳动物等）的摄影形式。这种摄影类型旨在

呈现微小生物的奇妙之处，揭示它们在自然界中的独特特点、行为和美感。下面介绍一些小型动物摄影的实例。

1. 鱼类

鱼类是一类生活在水中的脊椎动物，它们的身体通常呈流线型，覆盖着鳞片。鱼类栖息在各种水域，它们的形态、行为以及习性因物种而异，形成了丰富多样的鱼类生态系统。

图 8-17 所示为一张 AI 生成的金鱼照片，金鱼的颜色和花纹通常比较华丽，因此添加了关键词“in the style of light pink and dark orange（颜色和图案有浅粉色和深橙色）”“bold colors and patterns（大胆的颜色和图案）”“dappled（有斑点）”“light gold and brown（有浅金色和棕色）”，增加了金鱼的美感。

图 8-17

除了用 AI 绘制单一的鱼类，我们还可以用 AI 模拟水下世界的场景，将各种鱼类遨游的画面绘制出来，以展现鱼类的美丽色彩、优雅的游动姿态和迷人的生态环境，效果如图 8-18 所示。

图 8-18

2. 昆虫

昆虫是一类无脊椎动物，它们种类繁多、形态各异，包括蝴蝶、蜜蜂、甲虫、蚂蚁等。昆虫通常具有独特的身体形状、多彩的体色，以及各种触角、翅膀等特征，这使昆虫成为生物界中的艺术品。

图 8-19 所示为一张 AI 生成的蝴蝶照片，由于蝴蝶的颜色通常非常丰富，因此在关键词中加入了大量的色彩描述词，呈现令人惊叹的视觉效果。

图 8-19

图 8-20 所示为一张 AI 生成的蚂蚁照片，蚂蚁的身体非常微小，因此在关键词中加入了大光圈和微距镜头等描述词，展现大自然中的神奇微距世界。

图 8-20

3. 小型宠物

一般的小型宠物通常指猫、狗和仓鼠等，小型宠物一般具有毛茸茸的特点，智商也比较高，能够展现宠物的可爱、温馨以及与人类之间的感情，并传递对于生命的尊重和关怀，效果如图 8-21 所示。

图 8-21

图 8-22 所示为一张 AI 生成的兔子照片，在关键词中不仅描述了主体的特点，还添加了晕影（dark corner, blurred）、特写（close-up）等关键词，将背景进行模糊处理，从而突出温柔和机灵的兔子主体。

图 8-22

在通过 AI 模型生成小型宠物照片时，关键词的相关要点如下。

(1) 场景：可以是家中、户外场所或是特定的宠物摄影工作室等地方，常见的宠物有小型犬、猫咪、兔子、仓鼠等。

(2) 方法：根据宠物的种类和特点，描述它们独特的姿态和面部表情，并使用不同的构图和角度关键词，体现宠物个性化的特征。

4. 鸟类

鸟类摄影是指以飞鸟为主要拍摄对象的摄影方式，旨在展现鸟类的美丽外形和自由飞翔的姿态，效果如图 8-23 所示。

图 8-23

鸟类摄影能够突出飞鸟与自然环境之间的关系，强调生命和谐与自然平衡等价值观念，还能够帮助人们更好地了解鸟类的生活习性和行为特点。在通过 AI 模型生成鸟类照片时，关键词的相关要点如下。

(1) 场景：通常设置在风景优美的树林、湖泊或者自然保护区等生态环境中，常见的鸟类有鹦鹉、翠鸟、雀鸟、孔雀等，通过鸟儿与周围环境的精准交互创造奇妙的画面感。

(2) 方法：用主体描述关键词展现鸟类的真实外貌和生动性格，呈现不同的色彩、造型和姿态等多种效果，并营造鸟群飞翔和栖息的自然状态，同时运用光线使得画面更加有美感。

097 微距植物摄影实例

微距植物摄影主要专注于拍摄植物的细节和微小部分，如花朵、叶片、花蕾等。微距植物摄影要求摄影师使用专业的微距镜头或装备，以近距离捕捉植物的细节和纹理，呈现植物的微妙之美。下面介绍一些微距植物摄影的实例，并分析用 AI 模型生成这些作品的技巧。

1. 花朵

花朵摄影专注于捕捉花朵的细节，包括花瓣的纹理、色彩和形状。这种类型的摄影可以展现花朵的美丽和多样性。在花卉摄影中，我们可以将单支花朵作为主体，使观众更加真切地感受花卉的质感、细节和个性化特点，效果如图 8-24 所示。

图 8-24

通过 AI 摄影对花朵微妙多变的颜色、形态和质地的展现，更能传递其中蕴含的富有表现力和感染力的情感。在通过 AI 模型生成花朵照片时，关键词的相关要点如下。

(1) **场景**：一般选择家庭花园、野外或者风景区等开阔空间，还可考虑配合简单的道具装饰，以突出花朵主体。

(2) **方法**：选取合适的构图视角关键词，展现花朵的优美姿态、色彩变化，并真实地表现它的内在美；另外还可以添加景深控制、曝光调节等关键词，利用一个近距离微缩的角度展现花朵的微妙之处。

2. 花卉与昆虫

花卉与昆虫摄影是指将自然界中的花卉与昆虫同时作为主体，突出花卉与昆虫之间的关系以及生命的美感，效果如图 8-25 所示。

花卉与昆虫摄影旨在强调自然界万物之间的关联性，能够给人们带来心灵上的满足感。

在通过 AI 模型生成花卉与昆虫照片时，关键词的相关要点如下。

(1) **场景**：可以选择草原、森林、花田或道路两旁等，常见的花卉有蒲公英、向日葵、满天星等；常见的昆虫有蜜蜂、蝴蝶、蚂蚁等，它们与花卉的结合能让画面变得更生动、有趣。

(2) 方法：通过突出花卉与昆虫的形态学差异和色彩，体现它们之间的互动时刻，同时加入光线、色彩、背景模糊等摄影指令，营造自然美、神秘感和生态氛围等多种效果。另外，在生成花卉与昆虫照片时，通常会添加微距构图、特写景别等关键词，让画面主体更加突出。

图 8-25

3. 叶片

叶片摄影是一种通过镜头捕捉植物叶片的细节、纹理、形态和色彩，以及叶片与周围环境的融合与互动，表达自然之美、生命力和平衡的摄影方式，效果如图 8-26 所示。

图 8-26

通过 AI 摄影，将焦点放在植物的叶片上，捕捉叶脉、纹理和透光效果，展现叶片的独特之美。在通过 AI 模型生成叶片细节纹理的照片时，关键词的相关要点如下。

(1) **场景**：在户外选择自然环境，如森林、草地、湖边等，尽量寻找具有独特形态、纹理或颜色的叶片，这样能够增加 AI 作品的吸引力和独特性。

(2) **方法**：在色彩选择上，可以通过自然色调、鲜艳色彩、渐变色等关键词，表现叶片的美感和多样性。同时，通过添加一些细节关键词，如叶脉、纹理、边缘、水滴等，强调叶片的微观视图。

4. 花蕾

花蕾摄影旨在捕捉花朵即将绽放的阶段，通常花蕾呈现紧闭的状态，内部的花瓣和细节尚未完全展开，效果如图 8-27 所示。

图 8-27

花蕾摄影强调了期待和变化，具有一种充满潜力和神秘的美感。在通过 AI 模型生成花蕾细节的照片时，关键词的相关要点如下。

(1) **场景**：选择自然环境，如公园、自然保护区等，捕捉花蕾与自然背景的融合，表现生命的蓬勃和生态平衡。尝试捕捉花蕾在不同季节的变化，如春季初绽的花蕾、夏季待放的花蕾等。

(2) **方法**：可以通过使用特写、微距、近景等关键词，突出花蕾的细节和形态；加入柔和光线、朝阳光等色彩关键词，用于突出花蕾的轮廓和纹理。

5. 植物果实

植物果实摄影是指通过摄影展现植物生长过程中产生的果实，强调果实的形态、颜色和纹理的艺术形式，传达出丰收、成长和生命力的象征意义，效果如图 8-28 所示。

图 8-28

植物果实摄影着重展现植物的种子、果实和种子壳的细节，呈现植物生命周期中的不同阶段。在通过 AI 模型生成植物果实的照片时，关键词的相关要点如下。

(1) **场景**：在果园中拍摄果实，可以展现农田的丰收和农业生活的景象。也可以选择在自然保护区中捕捉野生植物的果实，呈现自然界的平衡和多样性。同时，还可以将植物果实放置在室内设置的背景中，通过灯光控制和构图创造独特效果。

(2) **方法**：在色彩选择上，多用饱和度高的颜色关键词，强调果实的鲜艳色彩，突出其生命力和成熟程度；在背景选择上，选择与果实主题相符的背景，避免背景干扰果实的表现；适当增加构图、光线等关键词，表达植物果实的丰收、成长、生命力等情感。

6. 植物露珠

植物露珠摄影一般指捕捉植物叶片、花朵等表面上的水滴或露珠，通常发生在清晨或夜晚的高湿度环境中，传达出清晨的宁静、自然的美丽和生命的循环，效果如图 8-29 所示。

植物露珠摄影利用水滴和露珠营造独特的视觉效果，增加照片的艺术感和层次感。在通过 AI 模型生成植物露珠的照片时，关键词的相关要点如下。

(1) **场景**：利用喷水装置为植物叶片制造露水效果，控制拍摄时间和条件。如果在室内，可以在室内设置高湿度的环境，例如在浴室中模拟露珠效果。

(2) **方法**：选择清晨或黄昏的色调关键词，营造宁静的氛围；考虑背景的虚化，突出露珠的主体；同时加入光线关键词，突出露珠的水滴、透明感和光影效果，传达植物与自然的和谐。

图 8-29

098 风景植物摄影实例

风景植物摄影强调将植物作为风景的一部分，通常包括广阔的自然风景，如森林、草原、湖泊等。风景植物摄影注重捕捉自然环境中的植物及其周围的景色，以展现自然景观的美丽和宏伟。下面介绍一些风景植物摄影的实例，并分析用 AI 模型生成这些作品的技巧。

1. 森林风景

森林风景摄影是指通过摄影镜头捕捉森林中的景观，以展现大自然中森林的美丽、宁静、神秘和多样性，效果如图 8-30 所示。

图 8-30

通过捕捉茂密的森林景色，森林风景摄影可以展现大自然的宁静和繁茂。在通过 AI 模型生成森林风景的照片时，关键词的相关要点如下。

（1） **场景**：探索森林深处，捕捉茂密的树木、藤蔓和地面植被，传达森林的厚重感和神秘感。在森林中的河流、溪流旁边拍摄，捕捉水流与绿色的交织，呈现水与森林的和谐共生。另外，还可以利用日出和日落时分的柔和光线，为森林景色增添温暖、宁静的氛围。

（2） **方法**：在构图视角的关键词上，选择广角透视、深入森林、体现树木交错；在光线和色彩关键词方面，选择自然光、透光，以及鲜绿色、森林色彩和自然色调，展现森林的宁静和多样性，让观者感受大自然的神秘和美丽。

2. 草原风景

草原风景摄影是指捕捉和记录草原地区的自然景色、生态环境和自然现象的摄影艺术。草原通常是广袤而开阔的自然景观，展现丰富的生态多样性、壮美的天空和自然生态的平衡，效果如图 8-31 所示。

图 8-31

草原风景摄影通过拍摄广阔的草原景观，从而捕捉草地的广袤和自然美景。在通过 AI 模型生成草原风景的照片时，关键词的相关要点如下。

（1） **场景**：拍摄时，可以通过捕捉草原上的动态，如风吹草动、野生动物活动等，增加画面的生动感。也可以选择利用日出和日落时分的温暖光线，创造梦幻般的景色。

（2） **方法**：在构图视角上，选择广角透视、俯视、近景等关键词，突出草原的开阔与细节。在光线色彩上，选择柔和、温暖的色调，强化草原的美感。同时保持高清晰度，捕捉草原景象的纹理和细节。

3. 公园风景

公园风景摄影通过捕捉和展现城市或乡村中公园内的自然景色、人文环境以及人们在其中的活动，以呈现公园的美丽、宁静、活力和文化特色，效果如图 8-32 所示。

图 8-32

公园风景摄影通过拍摄城市公园、花园等地的植物景观，展现城市美丽的绿色空间。在通过 AI 模型生成公园风景的照片时，关键词的相关要点如下。

(1) **场景**：在关键词中加入花坛、湖泊、池塘、小桥流水、林荫道等关键词，体现公园的多样性；还可以适当加入建筑类的关键词，如亭台楼阁、花园建筑、雕塑、喷泉等，突出人文特色。

(2) **方法**：选择广角景深、近景细节等构图和视角关键词，展现公园的主题和特色，同时通过黄昏的暖光、清晨的柔光等关键词，利用不同时间段的光线营造不同的氛围。

4. 田野与农田

田野与农田摄影是一种以农田、田野和农村景观为主题的摄影类型，旨在捕捉农田生活、农业景象以及田园风光的美丽，效果如图 8-33 所示。

田野与农田摄影通过镜头，将农田中勤劳、丰收和宁静表现出来，着重展现农田、田野和农村景观，呈现农业生活的宁静与活力。在通过 AI 模型生成田野与农田的照片时，关键词的相关要点如下。

(1) **场景**：拍摄时，可以选择合适的季节，利用不同的光线效果可以给照片带来层次感和质感。抓取有特色的内容，如宁静、丰收等景象，让画面更有情感和感染力。

(2) 方法：通过宽广的视角，捕捉农田的广袤与细节，利用柔和的光线营造温馨氛围，照片色调尽量自然，光圈设置适中，以实现清晰景深，凸显农田的丰收与勤劳的景象。

图 8-33

5. 自然保护区

自然保护区摄影是指在自然保护区内拍摄的摄影作品，旨在记录、展示和传达自然保护区的生态、美景、野生动植物和环境保护价值，强调保护区内独特的生态系统、野生生物多样性以及人类与自然的和谐共生，效果如图 8-34 所示。

图 8-34

自然保护区摄影专注于拍摄自然保护区中的植物景观，呈现野生生物的栖息地。在通过 AI 模型生成自然保护区的照片时，关键词的相关要点如下。

(1) **场景**：通过拍摄保护区内的不同生态系统，如森林、湿地、草原等，传达保护区的多样性和独特性。还可以选择其他类型的风景，如湖泊、河流、山脉等，展现大自然的壮美和宁静。

(2) **方法**：在关键词方面，选择与保护区内特定生态系统相关的关键词，如湿地、雨林、草原等；或使用飞翔、觅食、狩猎等描述性的关键词，传达动态的画面；加入春天、秋季、雨季等气候关键词，可描写拍摄环境。

第9章 创意摄影：打造摄影艺术的美感

学习提示

除了常见的人物、动物和植物摄影，随着摄影爱好者的增多，越来越多的人开始寻找更具有创意的拍摄方式，创造更能体现自己独特风格的作品。本章主要介绍一些当下热门的创意 AI 摄影实例。

本章重点导航

- 建筑摄影实例
- 慢门摄影实例
- 星空摄影实例
- 航拍摄影实例
- 全景摄影实例

099 建筑摄影实例

建筑摄影是以建筑物和结构物体为题材的摄影，在用 AI 生成建筑摄影作品时，需要使用合适的关键词将建筑物的结构、空间、光影、形态等元素完美地呈现出来，从而体现建筑照片的韵律美与构图美。下面将介绍一些建筑摄影的实例，并分析用 AI 模型生成这些作品的技巧。

1. 钟楼

钟楼在古代的主要功能是击钟报时，它是一种具有历史和文化价值的传统建筑物。通过 AI 生成钟楼照片，可以记录它的外形和建筑风格，同时能让观众欣赏到一座城市的历史韵味和建筑艺术，效果如图 9-1 所示。

图 9-1

专家指点

在钟楼照片的关键词中，适当对主体的摄影风格、清晰度和颜色进行描述，为画面增加细节，并加入关键词 monolithic structures（整体结构），能够用于保持建筑的整体性，从而完整地展现钟楼建筑的外形特点。

2. 住宅

住宅是人们居住和生活的建筑物，它的外形特点因地域、文化和建筑风格而异，通常包括独立的房屋、公寓楼、别墅或传统民居等类型。通过 AI 摄影，可以记录住宅的美丽和独特之处，展现建筑艺术的魅力。

图 9-2 所示为 AI 生成的公寓楼照片效果，在关键词中不仅加入了风格描述，还给出了具体的地区，让 AI 能够生成更加真实的照片效果。

图 9-2

图 9-3 所示为 AI 生成的别墅照片效果，别墅是一种豪华、宽敞的独立建筑，除了精心设计的外观，往往占地面积较大，拥有宽敞的室内空间和私人的庭院或花园，这些特点都可以写入关键词中。

图 9-3

专家指点

在用 AI 绘图工具生成住宅照片时，可以添加合适的角度、构图关键词，突出建筑物的美感和独特之处。同时，还可以添加线条、对称性和反射等关键词，增强建筑照片的视觉效果。

3. 高楼

高楼是指在城市中耸立的高层建筑，通常是以楼群的形式排布，以垂直向上的方式建造，包含多个楼层，不仅提供了居住、工作和商业空间，也成为城市的地标和象征，效果如图 9-4 所示。

图 9-4

在用 AI 生成高楼照片时，对于关键词，可以考虑使用广角镜头（wide-angle lens）刻画整个高楼的壮丽，同时需要注意光线条件，选择不同时间段的光线，如日出、日落或夜晚的灯光，以获得丰富的画面效果。

4. 古镇

古镇是指具有独特历史风貌的古老村落或城镇区域，通常具有古老的街道、建筑、传统工艺和历史遗迹，可以让人们感受历史的沧桑和变迁，具有极高的欣赏价值，效果如图 9-5 所示。

专家指点

在用 AI 生成古镇照片时，可以添加木结构建筑（wooden buildings）、青砖灰瓦的民居（residential buildings with blue bricks and gray tiles）、古老的庙宇（ancient temples）等关键词，使画面散发出浓厚的古代氛围感。

traditional chinese houses in china, wooden buildings along the street, in the style of zeiss batis18mm f/2.8, 32k uhd, traditional craftsmanship, red and gray --ar 3:2

图 9-5

5. 地标

地标是指具有象征性和代表性意义的地方或建筑物，常常成为城市或地区的标志性景点。地标可以是大型建筑物（如高楼、摩天轮等）、纪念碑、雕塑、自然景观等，它们代表着特定地区的特征，成为人们认知和记忆中的标志性存在。

图 9-6 所示为 AI 生成的摩天轮照片效果，添加了航拍（aerial photography）、广角镜头等关键词，可以呈现更广阔的景象，让观众能够俯瞰整个摩天轮的美景。

large ferris wheel at midnight, dynamic lighting, aerial photography, 38-24mm wide angle lens, eye-catching tags, dark orange and light magenta, light navy and green, seapunk, romantic landscape vistas, 32k uhd --ar 16:9

图 9-6

专家指点

在生成地标建筑的作品时，可以添加历史的（historical）、当代的（contemporary）等关键词，展示建筑的时代特点，或将历史建筑与现代元素进行有机的结合，创造独特的风格，体现建筑物的演变。

6. 车站

车站本来是一个提供乘客上下车和列车停靠的交通枢纽，如今也成为一张靓丽的"城市名片"。很多城市的车站具有现代化的建筑风格，并带有标志性的设计元素，如拱形屋顶、玻璃幕墙、宽敞的大厅等，效果如图 9-7 所示。

图 9-7

在用 AI 生成车站照片时，可以在关键词中运用对角线构图、颜色对比、人物活动等元素，营造生动、有趣的画面效果。另外，还可以描绘列车进出、人群穿梭的瞬间画面，或者以远景呈现车站整体的规模感。

7. 桥梁

桥梁是一种特殊的建筑摄影题材，它主要强调对桥梁结构、设计和美学的表现。在用 AI 生成桥梁照片时，不仅需要突出桥梁的线条和结构，还需要强调环境与背景。

在生成桥梁类的 AI 建筑摄影作品时，还需要注重光影效果，通过关键词的巧妙构思和创意处理，展现桥梁的独特美感和价值。

专家指点

桥梁作为一种特殊的建筑类型，其线条和结构非常重要，因此在生成 AI 照片时需要通过关键词突出其线条和结构的美感。

图 9-8 所示为 AI 生成的桥梁照片效果，这张图片的色彩对比非常鲜明，而且具有斜线构图、透视构图和曲线构图等形式，形成了独特的视觉效果。

图 9-8

8. 村庄

村庄建筑是指位于农村地区的房屋和其他建筑物，通常用于居住、农业生产和社区活动。村庄建筑的设计风格常常受到当地的自然环境、气候条件和文化传统的影响。

图 9-9 所示为 AI 生成的村庄建筑照片效果，关键词中不仅描述了建筑特点，还加入了环境元素，展现出浓郁的乡土气息和独特的文化价值。

图 9-9

常见的村庄建筑包括传统的农舍、民居、庙宇、公共广场等，它们一般采用自然材料建造，如木材、石头和泥土，并具有独特的屋顶形式、窗户设计和装饰元素。在AI 摄影中，可以在村庄照片中加入一些人文元素，如村民的生活场景、农田的景观等，以呈现真实、生动的画面效果。

9. 建筑群

建筑群是指由多个建筑物组成的集合体，这些建筑物可以有不同的功能、形态和风格，但它们共同存在于某一地区，形成了一个具有整体性和文化特色的建筑景观。

图 9-10 所示为 AI 生成的建筑群照片效果，加入了夜间摄影（night photography）和高角度（high-angle）等关键词，呈现出璀璨夺目的建筑群夜景风光。

图 9-10

100 慢门摄影实例

慢门摄影指的是使用相机长时间曝光，捕捉静止或移动场景所编织的一连串图案的过程，从而呈现抽象、模糊、虚幻、梦幻等画面效果。下面将介绍一些慢门摄影的实例，并分析用 AI 模型生成这些作品的技巧。

1. 车流灯轨

车流灯轨是一种常见的夜景慢门摄影主题，通过在低光强度环境下使用慢速快门，拍摄车流和灯光的运动轨迹，创造出特殊的视觉效果。这种摄影主题能够突出城市的灯光美感，增强夜晚繁华城市氛围的艺术效果，同时也是表现动态场景的重要手段之一，效果如图 9-11 所示。

图 9-11

在使用 AI 模型生成车流灯轨照片时，用到的重点关键词的作用分析如下。

(1) light trails from the cars（**汽车留下的光线痕迹**）：指的是车辆在夜晚行驶时，车灯留下的长曝光轨迹，可以呈现一种流动感。

(2) in the style of time-lapse photography（**以延时摄影的风格**）：指的是使用延时摄影技术记录时间流逝的摄影风格。

(3) luminous lighting（**发光照明**）：指的是明亮的光照效果，可以捕捉和强调城市中的光线，增强照片的视觉吸引力。

2. 流云

流云是一种在风景摄影中比较常见的主题，拍摄时通过使用长时间曝光，在相机的感光元件上捕捉云朵的运动轨迹，能够展现天空万物的美妙和奇幻之处，效果如图 9-12 所示。

在使用 AI 模型生成流云照片时，用到的重点关键词的作用分析如下。注意，后面的实例中重复出现的关键词不再进行具体分析。

(1) motion blur（**运动模糊**）：用于营造运动模糊效果，可以增强画面中云朵的流动感。

(2) light sky-blue and yellow（**浅蓝色和黄色的光线**）：这种颜色组合通常与

日落或黄昏的氛围相关，可以营造温暖、宁静或梦幻的色彩效果。

（3）high speed sync（高速同步）：是一种相机闪光灯技术，可以用来解决日落时光线不足的问题，确保照片中的细节清晰可见。

图 9-12

3. 瀑布

慢门摄影可以捕捉瀑布水流的流动轨迹，不仅可以展现瀑布的壮观、神秘的一面，还能将水流拍出丝滑的感觉，效果如图 9-13 所示。

图 9-13

在使用AI模型生成瀑布照片时，用到的重点关键词的作用分析如下。

(1) in the style of long exposure（**以长时间曝光的风格呈现**）：长时间曝光可以捕捉瀑布流水的柔和流动感，以增强场景的动态感和戏剧性。

(2) 32k uhd（**32K超高清**）：32K是一种分辨率非常高的图像格式，分辨率为30720像素 ×17820像素；uhd（ultra high definition）指的是超高清。这种技术可以让AI模型生成极清晰的图像细节，使观众可以欣赏更加逼真和精细的图像。

(3) matte photo（**哑光照片**）：指的是照片具有哑光或无光泽的表面质感，这种处理可以增加照片的柔和感和艺术感，使其更具审美效果。

4. 溪流

慢门摄影可以呈现溪水的流动轨迹，呈现清新、柔美、幽静的画面效果，让溪流变得如云似雾、别有风味，效果如图9-14所示。

图9-14

在使用AI模型生成溪流照片时，用到的重点关键词的作用分析如下。

(1) a stream is flowing in the dark with a rock in the background（**一条小溪在黑暗中流动，背景是一块岩石**）：用于描述主体画面场景，营造一种神秘、幽暗和富有层次感的氛围。

(2) flowing fabrics（**流动的织物**）：用于增强水流的柔和感、流动感，使其产生类似于织物飘动的效果。

(3) limited color range（**有限的色彩范围**）：用于提示场景中的色彩选择相对

较少，或者为了创造一种特定的画面效果而有意限制色彩范围。

（4） outdoor scenes（户外场景）：表明整个场景是户外的，与大自然相连，可能包括岩石、溪流和植被等自然元素。

5. 烟花

慢门摄影可以记录烟花的整个绽放过程，展现闪耀、绚丽、神秘等画面效果，适合用来表达庆祝、浪漫和欢乐等场景，效果如图 9-15 所示。

图 9-15

在使用 AI 模型生成烟花照片时，用到的重点关键词的作用分析如下。

（1） fireworks shooting through the air（烟花穿过空中）：描述了烟花在空中迸发、绽放的视觉效果，创造出灿烂绚丽的光芒和迷人的火花。

（2） light red and yellow（浅红色和黄色）：描述场景中的主要颜色，营造热烈、炽热的视觉效果。

（3） colorful explosions（色彩缤纷的爆炸效果）：描述烟花迸发时呈现多种色彩的视觉效果，使场景更加生动、更有活力。

6. 光绘

光绘摄影是一种通过手持光源或使用手电筒等物品来进行创造性绘制的摄影方式，最终的呈现效果是明亮的线条或形状。用户可以根据自己的想象力创作丰富的光绘摄影效果，从而表达作品的创意和艺术性，效果如图 9-16 所示。

图 9-16

在使用 AI 模型生成光绘照片时，用到的重点关键词的作用分析如下。

(1) a circle of fire（火焰圈）：描述了一个环形的火焰形状，用于创造一种燃烧的、充满能量和活力的视觉效果。

(2) playful use of line（线条的嬉戏运用）：用于创造活泼、动感的视觉效果。

(3) romantic use of light（光线的浪漫运用）：用于创造浪漫、柔和的影调氛围，给人以温馨和梦幻的视觉感受。

(4) spiral group（螺旋群）：指场景中出现螺旋状的物体或元素，用于创造一种动态旋转的画面感。

101 星空摄影实例

在黑暗的夜空下，星星闪烁、星系交错，美丽而神秘的星空一直吸引着人们的眼球。随着科技的不断进步和摄影的普及，越来越多的摄影爱好者开始尝试拍摄星空，用相机记录这种壮阔的自然景象。

如今，我们可以直接用 AI 绘画工具生成星空照片。下面将介绍一些星空摄影的实例，并分析用 AI 模型生成这些作品的技巧。

1. 银河

银河摄影主要是拍摄星空和银河系，能够展现宏伟、神秘、唯美和浪漫等画面效果，如图 9-17 所示。

图 9-17

在使用 AI 模型生成银河照片时，用到的重点关键词的作用分析如下。

(1) large the Milky Way（银河系）：银河系是一条由恒星、气体和尘埃组成的星系，通常在夜空中以带状结构展现，是夜空中的一种迷人元素。

(2) sony fe 24-70mm f/2.8 gm：是一款索尼旗下的相机镜头，它具备较大的光圈和广泛的焦距范围，适合捕捉宽广的星空场景。

(3) cosmic abstraction（宇宙的抽象感）：采用打破常规的视觉表达方式，给观者带来独特的视觉体验。

2. 星云

星云是由气体、尘埃等物质构成的天然光学现象，具有独特的形态和颜色，可以呈现非常灵动、虚幻且神秘感十足的星体效果，如图 9-18 所示。

在使用 AI 模型生成星云照片时，用到的重点关键词的作用分析如下。

(1) the dark red star shaped nebula showing a small pink flame（暗红色的星形星云显示出粉红色的小火焰）：使用该关键词可以呈现绚丽多彩、变幻莫测的画面，而火焰则增加了画面的活力和焦点。

(2) in the style of colorful turbulence（以多彩湍流的风格）：使用色彩丰富、动感强烈的元素，营造充满活力和张力的视觉效果。

图 9-18

3. 星轨

星轨摄影是一种利用长时间曝光技术拍摄恒星运行轨迹的影像记录方式，能够创造令人惊叹的宇宙景观，效果如图 9-19 所示。

图 9-19

在使用 AI 模型生成星轨照片时，用到的重点关键词的作用分析如下。

(1) orbit photography（轨道摄影）：利用特殊的摄影技术和设备拍摄物体沿着轨道运动的过程。在星轨摄影中，相机跟随星星的运动，记录下它们的轨迹，营造迷人的轨道效果。

(2) speed and motion（速度和运动）：用于在摄影中捕捉和展示物体运动的能力。在星轨摄影中，通过长时间曝光，星星的移动变成了可见的轨迹。

(3) high horizon lines（高地平线）：指画面中地平线的位置较高，高地平线可以创造开阔和广袤的视觉效果，增强画面的深度感和震撼力。

4. 流星雨

流星雨是一种不常见的天文现象，它不仅可以给人带来视觉上的震撼，也是天文爱好者和摄影师追求的摄影主题之一，效果如图 9-20 所示。

图 9-20

在使用 AI 模型生成流星雨照片时，用到的重点关键词的作用分析如下。

(1) a night sky with Leo meteor shower（狮子座流星雨的夜空）：用于指明画面主体，呈现多个流星在夜空中划过的瞬间画面。

(2) multiple flash（多次闪光）：可以在夜空中增添额外的光点，增强画面的细节表现力和层次感。

(3) multiple exposure（多重曝光）：可以将多个瞬间画面合成到同一张照片中，创造幻觉般的视觉效果。

（4） transcendent（超凡的）：用于强调作品的超越性和卓越之处，创造超凡脱俗的视觉效果。

102 航拍摄影实例

扫码观看教学视频

随着无人机技术的不断发展和普及，航拍已然成为一种流行的摄影方式。通过使用无人机等设备，航拍摄影可以捕捉平时很难观察到的场景，拓展了我们的视野和想象力。下面将介绍一些航拍 AI 摄影的实例，并分析用 AI 模型生成这些作品的技巧。

1. 航拍河流

航拍河流是指利用无人机拍摄河流及其周边的景观，可以展现河流的优美曲线和细节特色，效果如图 9-21 所示。

图 9-21

在使用 AI 模型生成航拍河流照片时，用到的重点关键词的作用分析如下。

（1） bird's eye view（鸟瞰视角）：通过从高空俯瞰整个场景，可以捕捉广阔的景观、地貌和水域，给人以震撼和壮丽的感觉。

（2） aerial photograph（航拍照片）：通过使用飞行器（如无人机或直升机）从空中拍摄景观，提供了独特的观看视角和透视效果。

（3） soft, romantic scenes（柔和、浪漫的场景）：通过使用柔和的光线和色彩，创造宁静、温馨的画面效果，可以让观众产生一种舒适和放松的感觉。

2. 航拍古镇

航拍古镇是指利用无人机等航拍设备对古老村落或城市历史遗迹进行全面记录和拍摄，可以展现古镇建筑的美丽风貌、古村落的文化底蕴以及周边的自然环境等，实现保存与传承历史文化的功能，效果如图 9-22 所示。

图 9-22

在使用 AI 模型生成航拍古镇照片时，用到的重点关键词的作用分析如下。

(1) villagecore（乡村核心）：这个关键词可以突出乡村生活和文化的主题风格，并展现宁静、纯朴和自然的乡村景观画面。

(2) high-angle（高角度）：是指从高处俯瞰拍摄的视角，通过高角度拍摄可以呈现独特的透视效果和视觉冲击力，突出场景中的元素和地理特点。

(3) aerial view（高空视角）：可以呈现俯瞰全景的视觉效果，展示地理特征和场景的宏伟与壮丽。

3. 航拍城市高楼

通过航拍摄影可以展现城市高楼的壮丽景象、繁华气息以及周边的交通道路、公园等文化地标，更好地展示城市风貌，效果如图 9-23 所示。

在使用 AI 模型生成航拍城市高楼照片时，用到的重点关键词的作用分析如下。

(1) aerial image of ××（×× 地点的航拍图像）：通过航拍角度呈现 ×× 城市的壮丽和繁华景象。

图 9-23

(2) y2k aesthetic（y2k 美学）：是指源自于 2000 年前后的时代风格，强调未来主义、科技感和数字元素，该关键词可以营造复古未来主义的感觉，使照片具有独特的视觉魅力和时代感。

(3) schlieren photography（纹影摄影技术）：可以为作品增添科技感，使观众对画面中的流体效应产生兴趣。

4. 航拍海岛

使用航拍摄影技术拍摄海岛，可以将整个海岛的壮丽景观展现出来，效果如图 9-24 所示。从高空俯瞰海岛、海洋、沙滩、森林和山脉等元素，呈现海岛的自然美和地理特征，使观众能够一览无余地欣赏海岛的壮丽景色。

在使用 AI 模型生成航拍海岛照片时，用到的重点关键词的作用分析如下。

(1) aerial photography（航空摄影）：指的是从空中拍摄的照片，提供了一种独特的观察视角，可以展示地面景观的全貌。

(2) teal and indigo（青色和靛蓝）：这些色彩可以赋予照片特定的氛围和风格，营造海洋和天空的感觉。

(3) soft（柔软的）：指的是柔和、温暖的照片效果，通常通过柔和的光线和色调来实现。

(4) romantic（浪漫的）：暗示照片中可能存在的浪漫氛围和情感元素。

图 9-24

需要注意的是，用户在生成创意类 AI 摄影作品时，需要尽可能多地加入一些与主题或摄影类型相关的关键词，同时可以通过“垫图”的方式增加画面的相似度。

103 全景摄影实例

全景摄影是一种立体、多角度的拍摄方式，它能够将拍摄场景完整地呈现在观众眼前，让人仿佛身临其境。通过特定的摄影技术和后期手段，全景摄影不仅可以拍摄美丽壮阔的风景，还可以记录历史文化遗产等珍贵资源，并应用于旅游推广、商业展示等各个领域。下面将介绍一些全景摄影的实例，并分析用 AI 模型生成这些作品的技巧。

1. 横幅全景

横幅全景摄影是一种通过拼接多张照片制作成全景照片的技术，最终呈现的效果是一张具有广阔视野、连续完整的横幅全景照片，可以直观地展示城市或自然景观的壮丽和美妙，效果如图 9-25 所示。

在使用 AI 模型生成横幅全景照片时，用到的重点关键词的作用分析如下。

(1) a view of the town of Monaco at sunset（**摩纳哥镇日落景观**）：这个关键词描述了拍摄位置和时间，即在日落时分拍摄的摩纳哥镇景观，可以呈现迷人的色彩和光影效果，同时捕捉到城市的建筑、海滨和周边环境。

(2) in the style of ultraviolet photography（**紫外线摄影风格**）：通过捕捉紫外线波长的光线创造奇特、梦幻的视觉效果。这种风格可以为照片带来独特的色彩和氛围，使景物呈现与日常不同的画面效果。

图 9-25

（3） panoramic scale（全景尺度）：指的是将广阔的景物或场景完整地展现在照片中，通过广角镜头或多张拼接的照片来实现，可以呈现更广阔、宏大的视野，使观众有身临其境的感觉。

2. 竖幅全景

竖幅全景摄影的特点是照片显得非常狭长，同时可以裁去横向画面中的多余元素，使画面更加整洁，主体更加突出，效果如图 9-26 所示。

图 9-26

在使用 AI 模型生成竖幅全景照片时，用到的重点关键词的作用分析如下。

（1） beautiful castle（美丽的城堡）：这个关键词描述了照片中的主体对象，即一座美丽的城堡。这个城堡可能是一个具有历史和文化价值的地标建筑，通过 AI 摄影可以展示其独特的建筑风格和魅力。

（2） monumental vistas（宏伟的

景观）：可以让画面呈现宏伟、壮丽的视觉效果，同时强调城堡的威严和美丽。

(3) authentic details（真实的细节）：这个关键词用于强调照片中的真实细节，如建筑特征、装饰元素和纹理，以展现其独特之处。

(4) vertical panoramic photography（垂直全景摄影）：可以捕捉更宽广的视野，展示壮美的山峰和高耸的城堡。

3. 180° 全景

180° 全景是指拍摄视角为左右两侧各 90° 的全景照片，这是人眼视线所能达到的极限。180° 全景照片具有广阔的视野，能够营造一种沉浸式的感觉，观众可以感受被包围在照片所展示的场景中的氛围和细节，效果如图 9-27 所示。

图 9-27

在使用 AI 模型生成 180° 全景照片时，用到的重点关键词的作用分析如下。

(1) 180 degree view（180° 视角）：这个关键词描述了照片的视野范围，即能够看到房间内的全部区域，提供一个全景的观感。注意，仅通过视角关键词是无法控制 AI 模型出图效果的，用户需要配合使用合适的全景图尺寸。

(2) panorama（全景）：这个关键词描述了照片的风格，指照片具有全景的特征，可以展示广阔的视野范围，使观众产生身临其境的感觉。

(3) smooth and curved lines（平滑和曲线）：这个关键词描述了摄影中的构图元素，可以为照片增添一种柔和、流畅的画面感，创造舒适、宜人的视觉效果。

4. 270° 全景

270° 全景是一种拍摄范围更广的照片，涵盖了从左侧到右侧 270° 的视野，使观众能够感受更贴近实际场景的视觉沉浸感，效果如图 9-28 所示。

图 9-28

在使用 AI 模型生成 270° 全景照片时，用到的重点关键词的作用分析如下。

（1）panoramic landscape view（全景式风景视图）：这个关键词指的是照片的风格，强调了广阔的风景视野。通过展示广阔的山脉和城市景观，照片能够营造宏伟和壮丽的感觉。

（2）aerial view panorama（航拍全景）：这个关键词描述了照片的拍摄角度，航拍视角能够让观众获得独特的俯视景观体验。

（3）photo-realistic landscapes（写实风景）：这个关键词强调了照片采用写实风景的表现方式，通过精确的细节、色彩还原和光影处理，营造一种逼真的风景效果，使观众体验到仿佛置身于实际场景中的真实感。

5. 360° 全景

360° 全景又称为球形全景，它可以捕捉观察点周围的所有景象，包括水平和垂直方向上的所有细节，观众可以欣赏完整的环境，感受全方位的沉浸式体验，效果如图 9-29 所示。

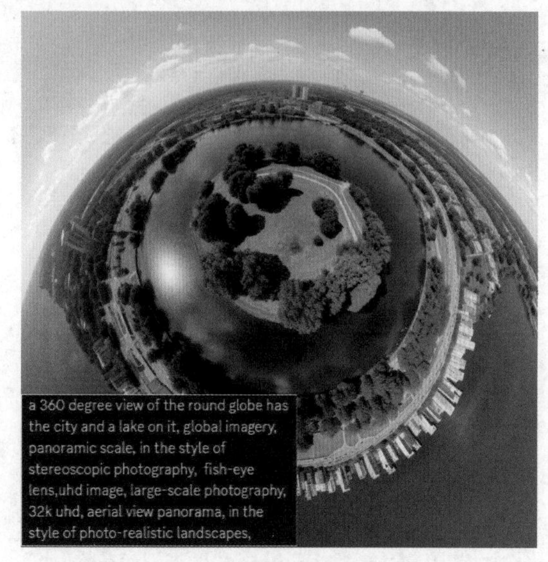

图 9-29

在使用 AI 模型生成 360° 全景照片时，用到的重点关键词的作用分析如下。

（1）round globe（圆球）和 global imagery（全球影像）：通过球体的拍摄方式展现影像效果。

（2）fish-eye lens（鱼眼镜头）：可以提供广角的视野，并产生弯曲的图像效果。通过使用鱼眼镜头，照片可以捕捉更广阔的景象，为观众呈现独特的视觉效果。

第10章 其他摄影：感受多彩的美好生活

学习提示

生活中有许多适合拍摄的场景，不管是外出旅游时的沿途风光，还是身边常见的人群活动场景，都可以通过摄影的方式，将美好的生活记录下来。本章将介绍一些生活中常见的其他 AI 摄影案例，帮助大家找到拍摄生活场景的灵感。

本章重点导航

- 风光摄影实例
- 人文摄影实例
- 产品摄影实例
- 时尚摄影实例
- 活动摄影实例

104 风光摄影实例

扫码观看教学视频

风光摄影是一种旨在捕捉自然美的摄影艺术，在进行 AI 摄影绘图时，用户需要通过构图、光影、色彩等关键词，用 AI 生成自然景色照片，展现大自然的魅力和神奇之处，将想象中的风景变成风光摄影大片。下面将介绍一些风光摄影的实例，并分析用 AI 模型生成这些作品的技巧。

1. 云朵

云朵是一种比较迷人的自然景观，它是由很多小水珠形成的，可以反射大量的散射光，因此画面看上去非常柔和、朦胧，让人产生如痴如醉的视觉感受。

图 10-1 所示的云朵图片采用天空和水面作为背景，能够让云朵主体充满整个画面，有利于突出主体。

图 10-1

在使用 AI 模型生成云朵的效果照片时，可以尝试使用以下关键词。

(1) Soft（柔和）：使用柔和的色彩关键词，能够为照片增添一种温暖、宁静的感觉，创造梦幻般的氛围。

(2) Colorful（色彩斑斓）：使用多彩的色调关键词，可以增加照片的视觉吸引力，为画面注入活力和生机。

(3) Dreamy（梦幻）：使用梦幻的形容词，可以营造轻盈飘逸的云朵画面，给人一种迷幻的感觉，这种梦幻的氛围会产生神秘的效果。

2. 山景

山景是摄影师常用的创作题材之一，大自然中的山可以说是千姿百态，不同时间、不同位置、不同角度的山，可以呈现不同的视觉效果。用 AI 生成山景照片时，可以充分利用关键词突出大山的形状特点，展现美不胜收的山景风光。图 10-2 所示为 AI 生成的山景照片。

图 10-2

在使用 AI 模型生成山景的效果照片时，可以尝试使用以下关键词。

(1) Mountain Range（山脉）：山脉作为山景中的主要元素之一，可以为照片提供壮丽的背景，营造广袤的自然景观。

(2) Sunset（日落）：通过添加日落时分的光线，可以赋予照片温暖的色调，营造宁静和浪漫的氛围。

(3) Reflection（反射）：在湖泊或河流中捕捉山脉的倒影，可以增强照片的美感和对称感，创造令人惊叹的画面。

3. 水景

在用 AI 生成江河、湖泊、海水、溪流以及瀑布等水景照片时，画面经常充满变化，可以运用不同的构图形式，再融入不同的光影和色彩表现等关键词，赋予画面美感。下面以江河和瀑布为例，介绍水景风光 AI 摄影作品的创作要点。

1）江河

在江河摄影中，最为突出的画面特点是水流的动态效果，可以通过添加光圈等 AI

摄影关键词，捕捉不同速度和流量的江河水流的形态，表现江河水流的宏大气势。江河摄影中的画面通常会展现水天相映的美感，水面可以倒映出周围的景色和天空，与天空融为一体，形成一幅美丽的画卷。

另外，光线类关键词也会对江河画面产生重要的影响。例如，使用关键词 Golden hour light（黄金时段光）时，画面的光线柔和而温暖，可以营造浪漫的氛围，效果如图 10-3 所示；而使用关键词 dramatic light（强光）时，光线的反射和折射效果会对水面产生独特的光影变化，呈现璀璨的色彩和绚丽的光影效果。

图 10-3

2）瀑布

瀑布摄影是水景风光摄影中最为常见的一种类型，画面特点是水流连绵不断，形成水雾和水汽，有时还会出现彩虹，AI 摄影的重点在于展现瀑布水流的动态效果，如图 10-4 所示。

图 10-4

另外，在进行 AI 摄影创作时，也可以展现瀑布落差、水流以及水滴等细节，这种类型的画面通常需要呈现瀑布细节的纹理和形状，让人感受瀑布的美妙之处。

4. 花卉

花卉摄影的一个重要原则就是简洁，包括画面构成、色彩分布、明暗对比、光影组合等都要简洁，从而彰显独特的花卉效果。例如，加入关键词 Back light（背光）后，不仅可以突出花朵的立体美感，而且可以让花瓣部分更加通透，展现美丽的光影效果，如图 10-5 所示。

图 10-5

再如，加入关键词侧逆光（Side backlight）生成的菊花照片，可以使花瓣的色彩更加艳丽，影调更加丰富，从而更好地突出画面主体，效果如图 10-6 所示。

图 10-6

又如，加入关键词直射光（Direct light）生成的郁金香花海照片，增强了画面的表现力，可以给人带来轻松、明快的视觉感受，效果如图10-7所示。

图 10-7

5. 日出日落

日出日落，云卷云舒，这些都是非常浪漫、感人的画面，用AI也可生成具有独特美感的日出日落照片。

图10-8所示为AI生成的火烧云照片。火烧云是一种比较奇特的光影现象，通常出现在日落时分，此时云彩的靓丽色彩可以为画面带来活力，同时让天空不再单调，而是变化无穷。

图 10-8

图10-9所示为AI生成的彩霞照片，添加关键词back light后，前景中的景物呈现剪影的效果，可以更好地突出彩霞风光。

图 10-9

黄昏时分，太阳呈现橙黄色的暖色调色彩，此时的光线表现力非常独特，大面积的暖色调可以让画面看上去非常干净、整洁，同时使画面更加紧凑。在黄昏的温暖光线下，为了避免画面过于单调，在前景安排了建筑工地上的塔吊，并采用竖画幅构图，可以更好地体现塔吊的高度，表现出很强的纵深感，效果如图 10-10 所示。

图 10-10

图 10-11 所示为 AI 生成的海边日出照片。日出光线（Sunrise light），即阳光通过海平面形成光线发散的现象；水平线构图（Horizontal line composition），即将水平线放置在画面中央位置，可以表现画面的开放性；紫色和蓝色（violet and blue）为冷色调，可以营造宁静、祥和的清晨氛围感。

图 10-11

6. 草原

一望无际的大草原拥有非常开阔的视野和宽广的空间，因此成为人们热衷的摄影创作对象。用 AI 生成草原风光照片时，通常采用横画幅的构图形式，具有更加宽广的视野，可以包容更多的元素，能够很好地展现草原的辽阔特色。

图 10-12 所示为 AI 生成的大草原照片，在一片绿草如茵的草地上，有一群牛羊正在吃草，主要的色调是天蓝色和白色（sky-blue and white），并经过了色彩增强（colorized）处理，整个场景呈现一种宁静而壮丽的自然景观，让人感受到大自然的美丽和生机勃勃。

图 10-12

关键词 hdr 是高动态范围（high dynamic range）的缩写，能够呈现更广泛的亮度范围和更多的细节，使整个画面更加生动、逼真。关键词 Zeiss Batis 18mm f/2.8 是指蔡司推出的一种超广角定焦镜头，使照片具有广角视角。

7. 树木

树木摄影的关键在于捕捉树木的独特之处：首先，要选择恰当的构图和角度，以展现树木的形状、纹理和色彩；其次，要选择适当的光线，以增强树木的立体感和细节质感；最后，背景的选择也很重要，可以通过对比或环境元素突出树木的特色，以展现树木的生命力及其与环境的关联。

图 10-13 所示为 AI 生成的沙漠上的枯树照片，采用了腐烂和腐朽的风格（in the style of decay and decayed），呈现一种寂静、自然衰败的美感。同时，采用浅褐色和深蓝色（light brown and dark blue）的主色调，为照片赋予了一种神秘而阴暗的氛围感。

图 10-13

8. 雪景

雪景摄影的关键在于捕捉冰雪的纹理和细节，合理利用曝光控制和白平衡突出冷色调，同时选择恰当的构图和光线，以展现雪景的纯净、清冷和神秘感。

图 10-14 所示为 AI 生成的雪景风光照片，主要以浅天蓝色和白色（light sky-blue and white）为主色调，营造清新而宁静的氛围感，突出了冬季雪景的纯净和寒冷。

图 10-14

105 人文摄影实例

在当今数字化时代的冲击下，人文摄影以其独特的视角和纪实的力量，成为让观众与被摄对象之间建立起深刻情感联系的桥梁。下面将介绍一些人文摄影的实例，并分析用 AI 模型生成这些作品的技巧。

1. 公园

公园是一种常见的人文景观，它不仅是一个自然环境的集合，还是人类文化和社会活动的产物。许多公园中设置了雕塑、艺术装置、人文建筑等文化和艺术元素，以供人们欣赏。

图 10-15 所示的公园照片，主要利用公园中的自然元素和景观进行 AI 绘画，呈现丰富多样的美感，从而激发观众的情感并给他们带来视觉享受。

图 10-15

在使用 AI 模型生成公园的效果照片时，可以尝试使用以下关键词。

(1) Clear（清澈）：描绘公园中的湖泊或溪流的清澈水面，可以增加照片的深度和视觉吸引力。

(2) Sunset（日落）：在日落时分拍摄的公园照片能够营造温暖、浪漫的氛围，将景色映衬得更加美丽。

(3) Greenery（绿荫）：绿色的植物和树木可以营造宁静、清新的环境，让观众感受到大自然的美好。

2. 街头

街头是观察城市生活和人们互动的理想场所，我们可以在繁华的市中心、狭窄的巷道或人流密集的地方捕捉各种有趣的瞬间。

图 10-16 所示为一张 AI 生成的小巷照片，采用浅黑和红色（light black and red）为主要色调，让整个场景充满了乡土风情和怀旧氛围，很容易唤起观众对历史和人文的思考。

图 10-16

图 10-17 所示为一张 AI 生成的街头上的人流照片，人们穿梭其中，形成一幅快速流动的画面，展现了熙熙攘攘的城市生活和繁忙的都市节奏。

在用 AI 绘制街头照片时，可以从流动的人群、变化的光影和丰富的城市元素入手，营造生动而充满活力的画面效果，引发观众的思考和共鸣。

3. 校园

校园通常包括教学楼、操场、图书馆、校园花园以及学校中的其他建筑等，既是学生学习、成长和社交的场所，也是知识传承和文化交流的中心。

图 10-17

图 10-18 所示为一张 AI 生成的校园照片，描述了学生在校园中看书的场景，展现出一个静谧、美丽的校园角落，并让人感受到学习、成长和知识的力量。

图 10-18

对于这种户外的校园场景，可以添加一些光影关键词，如 golden light（金色的灯光），创造温暖、宁静或活力四射的视觉氛围，以展现校园的多样性和特色。

4. 菜市场

菜市场是一个充满生活气息和人情味的地方，是人们购买食物和日常生活用品的场所。在菜市场，人们可以感受浓厚的民俗文化和市井生活的韵味。

图 10-19 所示为一张 AI 生成的菜市场照片，选择的是局部取景的方式，重点描述一个卖菜的老人，同时她的摊位上摆满了各种新鲜的蔬菜和水果，突出了主体和细节，展示了菜市场的独特魅力。

图 10-19

5. 手工艺人

手工艺人通过自己的双手和创造力做出独特的手工艺品，他们非常注重细节和工艺，并通过手工艺品传递独特的文化价值和情感。图 10-20 所示为一张 AI 生成的手工艺人照片。

图 10-20

这张照片展现了一个手工作坊的场景，画面中的手工艺人正在专注而投入地工作着，整个画面散发一种质朴而纯粹的氛围感。

6. 茶馆

茶馆是一个传统的社交场所，以供人们品茶、聊天、休憩。在茶馆里，人们可以体验传统文化的氛围，感受浓浓的人情味。

图 10-21 所示为一张 AI 生成的茶馆照片，老旧的茶桌上摆放着各种茶具，展现了一个安静而温馨的场景，充满了浓厚的传统氛围。

图 10-21

7. 农活

农活是指农田里的农业劳动活动，包括耕种、播种、收割、田间管理等各种农事工作。农活是农民生活的重要组成部分，也是农村社会的重要场景。

图 10-22 所示为一张 AI 生成的农活照片，采用剪影的方式呈现模糊的人物轮廓，周围的景物在反光中显得暗淡，与明亮的水面和天空形成了强烈的对比效果。

图 10-22

8. 传统习俗

传统习俗是指在特定的文化和社会背景下代代相传的风俗习惯，通常反映了一个群体的历史、信仰、价值观和生活方式，包括民俗活动、传统节日、民族服饰和特色美食等。图 10-23 所示为一张 AI 生成的民族服饰照片，通过将传统服饰与当地的特色建筑融合在一起，让观众感受不同传统习俗的魅力。

图 10-23

图 10-23 的关键词中加入了乡村核心（villagecore）的背景描述词，能够更好地显示传统生活的真实性和深厚的文化根基。同时，整个场景让人产生一种想要亲自去旅行、探索当地文化的冲动。

图 10-24 所示为一张 AI 生成的特色美食照片，采用 hurufiyya（胡鲁菲亚）风格营造一种艺术感和纹理感，并通过模拟 32K（真实分辨率为 30720 像素 ×17820 像素）超高清分辨率，展现细致的画面细节和较高的清晰度。

图 10-24

106 产品摄影实例

产品摄影是指专注于拍摄产品的照片，展示其外观、特征和细节，以吸引潜在消费者的购买兴趣的摄影形式。在使用AI生成产品照片时，需要利用适当的光线、背景、构图等关键词，突出产品的质感、功能和独特性。下面将介绍一些产品摄影的实例，并分析用AI模型生成这些作品的技巧。

1. 汽车产品

汽车产品通常具有流线型的外观，兼具美感和空气动力学设计，呈现品牌独特的设计风格。图10-25所示为AI生成的汽车照片，呈现现代、动感和时尚的外观特点，适合年轻、注重品位的消费者，它结合了精湛的工艺和先进的技术，将驾驶乐趣与独特的设计融为一体。

图10-25

在使用AI模型生成汽车产品的效果照片时，可以尝试使用以下关键词。

(1) Dynamic Perspective（动态视角）：从动感角度捕捉汽车细节，展示其流线型和空气动力学设计，即使在静态图像中也能营造运动感。

(2) Play of Light（光影变幻）：利用光线突出汽车的轮廓，强调其曲线和棱角。使用反射增加深度和逼真感。

(3) Color Harmony（色彩协调）：选择与汽车外观和环境相衬的色彩调色板，创造和谐的视觉构图，增强其美感。

2. 家居产品

家居产品图展示的是家具、灯具、装饰品等。例如，一张家居产品图中可能包含一张舒适的沙发、一盏现代感十足的台灯、一幅抽象画等。家居产品图通常注重设计与实用性的结合，色彩和材质的搭配也十分关键。

图 10-26 所示为 AI 生成的沙发照片，灰色的色调能够营造温馨的家庭氛围。

图 10-26

在使用 AI 模型生成家居产品的效果照片时，可以尝试使用以下关键词。

(1) Inviting Ambiance（温馨氛围）：创造一种邀请观众进入空间的氛围。利用温暖的照明和舒适的设置让观众感到宾至如归。

(2) Textural Diversity（质感多样）：强调家具中所使用的材料的多样质感，如柔软的织物、光滑的金属和自然的木材，以增加深度和触觉趣味。

(3) Personalized Touch（个性化风格）：融入反映业主个性和喜好的元素，如独特的装饰品和个性化艺术作品，为空间注入个性。

3. 生活用品

生活用品一般指各种实用物品，如电水壶、笔记本、手机、钥匙扣、水杯、手表等。这些物品可能呈现多样的颜色和形状，展示出现代简约或者个性时尚的风格。图 10-27 所示为 AI 生成的电水壶产品照片，干净的色彩搭配温暖的色调，使其呈现和谐的视觉效果。

图 10-27

在使用 AI 模型生成生活用品的效果照片时，可以尝试使用以下关键词。

(1) Harmonious Arrangement（**和谐布局**）：将生活用品以和谐的排列方式呈现，创造平衡和统一的视觉效果，使整个构图更具美感。

(2) Intimate Lifestyle（**亲近生活**）：将生活用品融入日常生活场景中，营造一种温馨的氛围，让观众有一种与这些物品亲近的情感联系。

(3) Everyday Elegance（**日常优雅**）：从日常生活的角度捕捉生活用品，展现它们简洁而优雅的设计，体现日常实用性与美感的完美结合。

4. 护肤产品

护肤产品一般指各种脸部护肤品，如洁面乳、面膜、精华液等。这些产品通常采用精致的包装，瓶身可能是透明或柔和的颜色，瓶盖可能有独特的设计，产品标签上会标注成分和功效等信息。图 10-28 所示为 AI 生成的护肤产品照片，借助背景的绿色植物与粉色的产品进行搭配，形成鲜明的色彩对比，从而增强产品的吸引力。

在使用 AI 模型生成护肤产品的效果照片时，可以尝试使用以下关键词。

(1) Natural Lighting（**自然光线**）：利用柔和、漫射的自然光线照亮产品，展现其真实的颜色，增强其自然吸引力，避免强烈的阴影。

(2) Ingredient Showcase（**成分展示**）：放大展示产品的关键成分或组成部分，展示其纯净和功效，凸显其对皮肤的可见益处。

(3) Elegant Simplicity（**优雅简约**）：采用简约优雅的构图，强调产品的精致和品质。避免杂乱和干扰，将焦点集中在关键元素上。

图 10-28

5. 美食产品

美食产品摄影是指专注于拍摄各种美食和饮品的照片，以展示其诱人的外观和口感，常用于餐厅、食品品牌等宣传。图 10-29 所示为 AI 生成的发糕照片，使用色调、光线和风格等关键词，绘制出食物的诱人外观和口感，以吸引观众的注意力，并唤起他们的食欲。

图 10-29

在使用 AI 模型生成美食产品的效果照片时，可以尝试使用以下关键词。

（1）Artful Garnishes（巧妙装饰）：用巧妙的装饰、香草或酱料提升呈现效果，为菜品增添色彩、质感和精致感。

（2）Natural Lighting（自然光线）：利用柔和而散射的自然光线凸显食物的质感和颜色，避免强烈的阴影，营造清新、自然的效果。

（3）Delicious Color Palette（美味色彩调色板）：选择与菜品的原料和呈现相衬的色彩调色板。和谐的颜色可以增强视觉吸引力，增强美味感。

另外，也可以添加一些场景、灯光和道具关键词，以突出食物的质感、颜色和纹理。同时，还可以添加食物的摆放和构图等关键词，以展现食物的美感和层次感。

107 时尚摄影实例

时尚摄影是一种以时尚、服装和美学为主题的摄影领域，它专注于创作和展示时尚品牌、设计师作品或时尚潮流的摄影作品。时尚摄影追求创意、艺术性和视觉冲击力，通过运用独特的相机镜头、灯光效果、构图方式等关键词，以呈现时尚形象和风格。下面将介绍一些时尚摄影的实例，并分析用AI模型生成这些作品的技巧。

1. 艺术时尚

艺术时尚摄影强调创意和艺术性，通常在摄影中融入艺术元素，如光影、构图和后期处理。摄影师会使用独特的色彩、光线、道具和背景，以展现模特的个性和情感。图10-30所示为AI生成的艺术时尚照片，照片采用了高饱和度的红色、黄色、蓝色等色调表现人物的前卫、先锋，展现艺术化风格。

图10-30

在使用 AI 模型生成艺术时尚摄影的效果照片时，可以尝试使用以下关键词。

（1）Abstract Geometry（**抽象几何**）：使用大胆的形状和线条创造引人注目的构图，玩味几何概念。融入对比鲜明的颜色以增强图像的活力。

（2）Dynamic Movement（**动感流畅**）：尝试运动模糊和不同快门速度，捕捉主体的能量和运动。尝试传达流动感。

（3）Futuristic Fusion（**未来融合**）：将未来时尚和科技元素融入构图。尝试创新的照明技术和数字叠加，创造时尚和未来主义的视觉融合。

专家指点

需要注意的是，Midjourney 生成的字母是非常不规范甚至不可用的，用户可以在后期选定相应的图片后，使用 Photoshop 进行修改即可。

另外，使用 Midjourney 设计时尚摄影作品时，效果图的随机性很强，用户需要通过不断地修改关键词和“刷图”（即反复生成图片），以达到自己想要的效果。

2. 黑白时尚

黑白时尚摄影通常使用黑白色彩强调形式、纹理和对比度，以创造经典和时尚并存的感觉。

图 10-31 所示为 AI 生成的黑白时尚照片，照片强调明暗对比，突出模特的轮廓和面部特征，产生独特的情感和氛围，一般用于艺术和时尚杂志。

图 10-31

在使用 AI 模型生成黑白时尚摄影的效果照片时，可以尝试使用以下关键词。

（1）Dramatic Lighting（**戏剧性光影**）：运用强烈的明暗对比照明技巧，强调光与影的戏剧性对比。突出关键元素，同时让其他元素笼罩在神秘感中，增添深度和引人入胜的感觉。

（2）Minimalist Silhouettes（**简约剪影**）：专注于简洁的轮廓与干净的背景。强调主体的轮廓和形状，借助无色彩的效果凸显其形态。

（3）Emotive Expressions（**情感表达**）：通过近距离肖像捕捉原始情感。突出主体的面部表情、皱纹和细微线条，以在无色彩的情况下传达深度和个性。

3. 新潮时尚

新潮时尚摄影在摄影中探索前卫、大胆和创新的概念，常常挑战传统的时尚美学。照片中可能会包含非传统的元素、色彩和构图，以引起观众的注意。模特可能被放置在不同寻常的环境中，或者使用独特的服装和妆容。图 10-32 所示为 AI 生成的新潮时尚照片，赛博朋克的色调搭配新潮的服装，呈现前卫、大胆的艺术风格。

图 10-32

在使用 AI 模型生成新潮时尚摄影的效果照片时，可以尝试使用以下关键词。

(1) Cyberpunk Chic（**赛博朋克时尚**）：将未来时尚元素与城市衰败相结合。利用粗糙的背景、工业场景和高科技配饰，营造赛博朋克风格。

(2) Digital Dreamscape（**数字梦境**）：通过数字叠加效果将现实与虚拟现实融合。尝试创造超现实和梦幻的构图，挑战对传统时尚摄影的认知。

(3) Minimalist Futurism（**极简未来主义**）：采用简洁的线条、流畅的轮廓和有限的色彩调色板，营造极简主义的未来美感。专注于鲜明的对比和微妙的细节，呈现精致和前卫的风格。

4. 街头时尚

街头时尚摄影可捕捉城市环境中的流行时尚和个人风格，通常在街头拍摄中呈现真实的人物场景。照片通常具有真实、生动的感觉，背景是城市街道、墙壁等。

图 10-33 所示为 AI 生成的街头时尚照片，人物身上穿着当地的服饰，与街头的涂鸦相呼应，展示出当下的街头流行趋势。

图 10-33

在使用 AI 模型生成街头时尚摄影的效果照片时，可以尝试使用以下关键词。

（1）Urban Vignettes（都市小景）：在都市背景中捕捉候街时刻，在繁忙的街道风景中寻找有趣的细节，传达街头时尚的真实本质。

（2）Contrast Clash（对比碰撞）：通过并置对比元素展现多样化的街头风格，结合不同的时尚美学，或融合高端与低端时尚，创造视觉吸引力十足的构图。

（3）Dynamic Poses（动感姿势）：鼓励被摄者采用充满活力、自信的姿势，呼应城市的能量，利用创意角度和构图增强运动感。

108 活动摄影实例

活动摄影是指用来记录各类会议、展览、庆典、演出、体育赛事等商业活动的照片，用于记录和捕捉活动的精彩瞬间，展示活动的氛围、情感和重要时刻。下面将介绍一些活动摄影的实例，并分析用 AI 模型生成这些作品的技巧。

1. 会议活动

会议活动的照片一般由大屏幕和参会者组成，参会者或认真做笔记，或与同行交流，展现专业和积极的氛围。会议现场的细节，如会议徽标、标语牌和展示摊位，也可能出现在照片中。图 10-34 所示为 AI 生成的会议活动照片。

图 10-34

在使用 AI 模型生成会议活动的效果照片时，可以尝试使用以下关键词。

(1) Knowledge Sharing（**知识分享**）：使用特写镜头捕捉参与者做笔记和交流材料的情景，利用柔和的照明营造专注学习和信息分享的氛围。

(2) Engaged Networking（**积极互动**）：强调参与者连接和互动的能量和热情，捕捉生动的表情和真实的互动，传达参与感和团结感。

(3) Tech-Infused Insights（**科技融入的洞见**）：融入技术元素，如显示数据的屏幕或虚拟演示，展示活动的科技驱动性质，运用创意构图展示科技与人类互动的无缝融合。

2. 体育赛事

体育赛事的照片通常展示紧张激烈的瞬间，图 10-35 所示为 AI 生成的一张冰球比赛的照片，展现球员在冰场上奔跑，身体充满力量和动感。

在使用 AI 模型生成体育赛事的照片时，可以尝试使用以下关键词。

(1) Athletic Form（**运动姿态**）：捕捉运动员动作的优雅和运动能力，关注他们的体态、姿势和肌肉线条，突出他们的身体素质。

(2) Spectator Interaction（**观众互动**）：将观众的反应融入构图，捕捉他们观看比赛时的兴奋、喜悦，为体育赛事增添现场感。

图 10-35

(3) Dynamic Action（动态行动）：使用快速的快门速度捕捉运动员在行动中的画面，冻结紧张的瞬间，展示运动员的能量和力量，营造兴奋和激动的感觉。

3. 艺术展览

艺术展览的照片展现一种高雅和独特的氛围。观众在画廊或展览厅中缓步走过，欣赏着各种形式的艺术作品。图 10-36 所示为 AI 生成的一张艺术展览的照片，通过黑白光线，以及明亮的灯光将艺术品照亮，突出其细节和质感。

图 10-36

在使用AI模型生成艺术展览的照片时，可以尝试使用以下关键词。

(1) Cinematic Realism（**电影写实**）：运用景深和电影风格的照明等电影技巧，创造一种电影般的写实感，将观众引入场景之中。

(2) Minimalist Abstraction（**极简抽象**）：利用负空间、强烈线条和有限的色彩调色板，创造引人入胜的抽象构图。

(3) Temporal Exploration（**时间探索**）：尝试长时间曝光技术，在单个画面中捕捉时间的流逝。

4. 演出现场

演出现场的照片一般会捕捉舞台上的精彩瞬间，放大艺术家在聚光灯下展现的充满激情的表演场面。图10-37所示为AI生成的一张演出现场的照片，歌手在麦克风前投入地演唱，捕捉到台下观众的热烈反应和高举的双手，表现出演出现场的热情氛围。

图10-37

在使用AI模型生成演出现场的照片时，可以尝试使用以下关键词。

(1) Artistic Composition（**艺术构图**）：通过融入舞台布置的元素，如乐器或道具，创造引人注目的构图，利用角度和构图引导观众的目光，在图像中讲述一个故事。

(2) Captivating Crowd（**魅力人群**）：捕捉观众充满活力的状态，专注于他们的表情和互动，使用广角镜头囊括整个人群，传达现场演出的热烈气氛。

(3) Dynamic Lighting（**动感灯光**）：尝试不断变化和丰富多彩的舞台灯光，营造动感和引人入胜的氛围，通过光影对比强调表演者及其动作。